IT Due Diligence

Praxistipps IT

IT Due Diligence

Risiken und Synergien richtig bewerten und darstellen

Jonas Tritschler / Nertila Mucka

IDW VERLAG GMBH

Die IDW Verlag GmbH ist ein Unternehmen des Instituts der Wirtschaftsprüfer in Deutschland e. V. (IDW).

Satz: Reemers Publishing Services GmbH, Krefeld
Druck und Bindung: C.H.Beck, Nördlingen
KN 11882/0/0

ISBN 978-3-8021-2464-8

Bibliografische Information der Deutschen Bibliothek
Die Deutsche Bibliothek verzeichnet diese Publikation in der Deutschen Nationalbibliografie; detaillierte bibliografische Daten sind im Internet über http://www.d-nb.de abrufbar.

Coverfoto: www.istock.com/sakkmesterke

www.idw-verlag.de

Inhaltsverzeichnis

1 Einführung in die IT Due Diligence

In Zeiten der digitalen Transformation genießt die Informationstechnologie in Unternehmen einen steigenden Stellenwert. Die Vernetzung von Geschäftspartnern über die gesamte Wertschöpfungskette, die Automatisierung und Autonomisierung großer Teile eines Produktionsbetriebs, schnelle Informationsflüsse und aussagekräftige Daten zur Entscheidungsfindung (dank Big Data, Cloud-Systemen und prädiktiver Algorithmen) sowie der Ausbau von lernenden Systemen (Künstliche Intelligenz) und sensorbasierten Mensch-Maschine-Schnittstellen ermöglichen den industriellen Quantensprung, den wir mit dem Buzzword „Industrie 4.0" belegen.

Im Transaktionsgeschäft (Kauf- und Verkauf von Unternehmen) bedeutet die beschriebene Entwicklung, dass der Blick vielmehr auf ein zukunftsgerichtetes Geschäftsmodell als auf historische Finanz- und Marktzahlen zu fokussieren ist. Um in diesem Zusammenhang „Red Flags" oder gar „Deal Breaker" zu identifizieren, ist bei einer Due Diligence im Rahmen einer Transaktionsvorbereitung verstärkt auf Prozesse, Systeme und Technologien einzugehen. Die Durchführung einer IT Due Diligence wird vor Abschluss eines Unternehmenskaufs somit unverzichtbar.

Wir beginnen dieses Buch zunächst mit einer Einordnung der IT Due Diligence in den Gesamtkontext der Durchführung einer Due Diligence, bevor wir das Vorgehensmodell einer IT Due Diligence beschreiben und einzelne Komponenten bis zur Berichterstattung beispielhaft erörtern.

1.1 Due Diligence im Rahmen einer Transaktion

Eine „Due Diligence" bezeichnet die sorgfältige Prüfung und Analyse eines Unternehmens im Rahmen einer Transaktionsvorbereitung.[1] Gegenstand einer solchen Prüfung ist regelmäßig die wirtschaftliche, finanzielle, rechtliche und steuerliche Situation des „Target-Unternehmens". Im Regelfall wird eine Due Diligence vom Käufer durchgeführt

1 Vgl. https://wirtschaftslexikon.gabler.de/definition/due-diligence-35668 (zuletzt abgerufen am 30.03.2020).

(Buyer Due Diligence), kann aber auch vom Verkäufer veranlasst werden (Vendor Due Diligence).

Der gesamte Prozess einer Unternehmenstransaktion aus Sicht eines Käufers beginnt zunächst mit der Findung eines „Targets“, sprich eines zu akquirierenden Unternehmens, welches dem Bedarf des Käufers am nächsten kommt. Aus Käufersicht findet der Ablauf üblicherweise in sechs Phasen statt (Abb. 1.1):[2]

1. Identifizierung eines „**Targets**“ inkl. der Kontaktaufnahme,
2. **Absichtserklärung** des Käufers (Letter of Intent),
3. Durchführung der **Due Diligence,**
4. **Verhandlungen** über den Kaufgegenstand,
5. **Signing** – Kaufvertrag (Sales and Purchase Agreement) wird unterschrieben,
6. **Closing** – Kaufvertrag wird vollzogen/Abschluss.

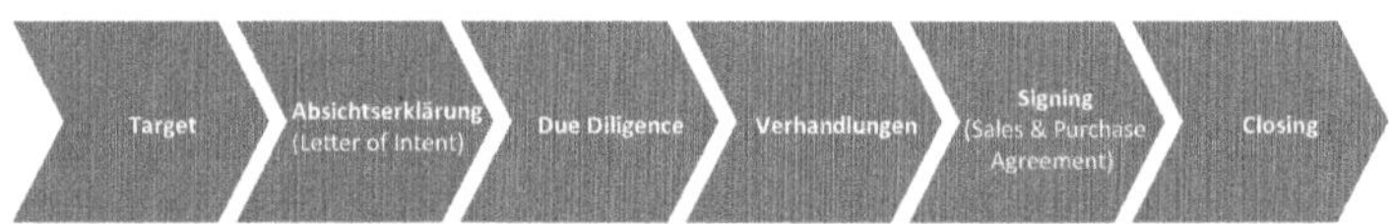

Abb. 1.1 Phasen einer M&A-Transaktion

Nachdem das „Target“ gefunden, der Kontakt aufgenommen und ein gegenseitiges Interesse der Parteien an der Transaktion signalisiert wurde, wird in aller Regel eine Absichtserklärung (Letter of Intent) unterschrieben. In dieser Absichtserklärung werden üblicherweise in Klauseln die Geheimhaltung (Non-Disclosure-Agreement) und die Kostenfrage der Vertragsanbahnung geregelt.

Mit diesen Klauseln ist der Letter of Intent (LOI) somit eine notwendige Vorbedingung, damit eine Due Diligence durchgeführt werden kann.

Die Due Diligence wird regelmäßig vor den eigentlichen Verhandlungen durchgeführt. Erkenntnisse aus der Due Diligence bilden die Verhandlungsbasis zur Abgrenzung des Kaufgegenstands und der Kaufpreisfindung sowie der Vereinbarung von Garantien und Gewährleis-

2 Vgl. Dr. Christine Gömöry (2015), Grundwissen zum Ablauf von M&A-Transaktionen, Zeitschrift für das Juristische Studium; http://www.zjs-online.com/dat/artikel/2015_2_891.pdf (zuletzt abgerufen am 30.03.2020).

tungen. Vereinfacht gesagt, sind identifizierte Risiken („Red Flags") wie aufgedeckte Mängel bei einem Gebrauchtwagenkauf zu sehen. Jeder „Kratzer" kann den Kaufpreis beeinflussen.

Regelmäßig werden wesentliche betriebliche Funktionen von Spezialisten im Rahmen von Audits durchleuchtet. Typisch ist deshalb die Durchführung einer Due Diligence in Teilprojekten in folgenden Ausprägungen (Abb. 1.2):

- Financial Due Diligence (FDD): Bei der FDD wird ähnlich wie bei einer Jahresabschlussprüfung die Vermögens-, Finanz- und Ertragslage analysiert. Darüber hinaus werden schwerpunktmäßig Erkenntnisse aus dem internen Rechnungswesen gewonnen, um Kennzahlen, wie das „bereinigte EBIT" oder das „bereinigte EBITDA", zu bestimmen oder zu verifizieren. Diese gelten als Grundlage der „Multiples" für eine vereinfachte Unternehmensbewertung gemäß der Multiplikatormethode.[3]
- Commercial Due Diligence (CDD): Bei der CDD wird darauf abgezielt, den Markt und das Geschäftsmodell zu verstehen und zu analysieren. Bei der CDD wird analysiert, wie das Unternehmen am Markt positioniert ist und wie schlüssig das Geschäftsmodell ist.
- Legal Due Diligence (LDD): Im Rahmen einer LDD wird eine umfassende Bestandsaufnahme sowohl der externen als auch der internen Rechtsverhältnisse eines Unternehmens erstellt. Sehr oft wird die LDD durch eine Compliance Due Diligence ergänzt, in welcher allgemeine Compliance-Risiken erhoben und beurteilt werden.
- Tax Due Diligence (TDD): Ziel einer TDD ist es, steuerliche Chancen und Risiken zu analysieren sowie Erkenntnisse zu gewinnen, die die Herleitung einer optimalen steuerrechtlichen Transaktionsstruktur ermöglichen.
- IT Due Diligence (ITDD): eine ITDD zielt darauf ab, alle relevanten technologischen Aspekte im Zusammenhang mit einer Transaktionsentscheidung bezüglich der relevanten IT Chancen und IT Risiken zu analysieren und zu bewerten.

Nach Abschluss der Verhandlungen wird der Kaufvertrag („Sales and Purchase Agreement") unterschrieben. Dieser fällt in Abhängigkeit, ob

3 Vgl. https://de.wikipedia.org/wiki/Multiplikatormethode (zuletzt abgerufen am 30.03.2020)

es sich beim Kauf/Verkauf um einen „Share Deal“ oder „Asset Deal“ handelt, unterschiedlich umfangreich aus. Bei einem „Share Deal“ wird das Unternehmen als Ganzes, also in seinem „Rechtskleid“ (z. B. GmbH) und allen dazugehörigen Vermögensgegenstände und Schulden, ge- bzw. verkauft. Der Kaufvertrag hierzu kann entsprechend kurz ausfallen. Bei einem Asset Deal hingegen werden im Rahmen der Einzelrechtsnachfolge einzelne Vermögensgegenstände und Schulden erworben. Die Auflistung und Abgrenzung dieser Vermögensgegenstände und Schulden zu nicht übergehenden Vermögensgegenständen und Schulden sowie Haftungsvereinbarungen für diese Vermögensgegenstände und Schulden können sehr umfangreich ausfallen.

Nach erfolgreichem „Signing“ des Kaufvertrags werden mit dem „Closing“ der Transaktion die Verpflichtungen der Parteien aus dem Kaufvertrag erfüllt, d. h., der Kaufpreis wird gezahlt und dingliche Rechte werden eingetragen.

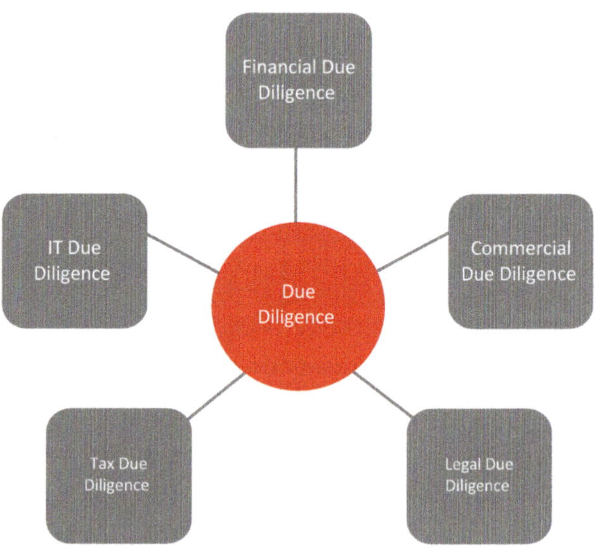

Abb. 1.2 Due-Diligence-Formen

1.2 Due Diligence und Motive des Unternehmenskaufs

Wir gehen im folgenden Fall vereinfachend von einer „Buyer Due Diligence“ aus. Wie erwähnt, veranlasst in diesem Fall der Käufer die Durchführung der Due Diligence. Das ist auch der Regelfall. Das Ziel dabei ist es, alle Chancen und Risiken des Kaufobjekts in allen wesentlichen Perspektiven (Finanzen, Wirtschaftlichkeit, Markt, Geschäftsmodell, Legales, IT …) zu erheben und zu bewerten, um von Käuferseite einen Kaupreisvorschlag erarbeiten sowie Gewährleistungen und Garantieren fordern zu können.

Die Motive eines Unternehmenskaufs können strategischer, finanzieller oder persönlicher Natur sein.[4]

Strategische Motive betreffen zunächst den Zugang des Beschaffungs- und Absatzmarktes. Durch eine größere Verhandlungsmacht gegenüber Lieferanten, Kunden und Banken können bessere Konditionen verhandelt werden. Weitere strategische Motive können sich aus der vertikalen Integration der Wertschöpfungskette ergeben, in dem ein wichtiger Lieferant oder Kunde gekauft wird. Auch kann sich mit dem Unternehmenskauf ein Zugewinn von Know-how, insb. „intellectual property“ (IP) zur Verbesserung der betrieblichen Funktionen in Beschaffung, Produktion, Absatz und Marketing ergeben. Nicht zuletzt kann ein Unternehmenskauf auch zur Risikodiversifikation des Geschäftsportfolios des Käufers beitragen.

Neben strategischen Motiven sind regelmäßig auch finanzielle Motive gegeben. Durch Vergrößerung der Unternehmensaktivität können Größenvorteil und Skaleneffekte entstehen. Diese führen zur Senkung der Fixkosten („economies of scale“) und tragen zur Gewinnerhöhung/Verlustverminderung bei. Auch können durch Bündelung von betrieblichen Funktionen im Rahmen der Integration des gekauften Unternehmens in den Betrieb des Käufers („Post Merger Integration“) auch personelle Einsparungen, z. B. in der Verwaltung, gehoben werden („economies of scope“). Die Betrachtung betrieblicher Steuern, insb. die Nutzung von Verlustvorträgen, welche die künftige Steuerlast des Käufers senken kann, kann ein weiteres finanzielles Motiv darstellen. Diese erwähnten

4 Vgl. https://de.wikipedia.org/wiki/Unternehmenskauf#Motive (zuletzt abgerufen am 30.03.2020).

Vorteile werden im Zusammenhang mit einem Unternehmenskauf Synergien genannt. Dabei wird zwischen echten und unechten Synergien unterschieden. Echte Synergien sind Synergien, die jedem Käufer zugutekommen. Diese sind im Kaufpreis eingepreist. Unechte Synergien sind Synergien, die sich nur aus dem speziellen Einzelfall ergeben.

Neben strategischen und finanziellen Motiven können auch persönliche Motive Grund eines Unternehmenskauf sein. Persönliche Motive basieren oft nicht auf rein wirtschaftlichen Gründen, sondern resultieren aus persönlichen, irrationalen oder subjektiven Überlegungen.[5] Persönliche Motive haben im Regelfall keinen Einfluss auf Schwerpunktsetzung der durchzuführenden Due Diligence. Deshalb gehen wir auf diese auch nicht weiter ein.

In Abhängigkeit des Kaufmotivs kann die Due Diligence besondere Schwerpunkte haben. So kann die Due Diligence unter der Annahme der Integration des Kaufobjekts in das Unternehmen des Käufers neben der Untersuchung von Risiken auch auf die Hebung potenzieller Synergien abzielen. Wenn bei der Due Diligence beide Unternehmen bekannt sind, können Synergien auf Basis des Integrationsvorhabens wirtschaftlich bestimmt werden (Abb. 1.3).

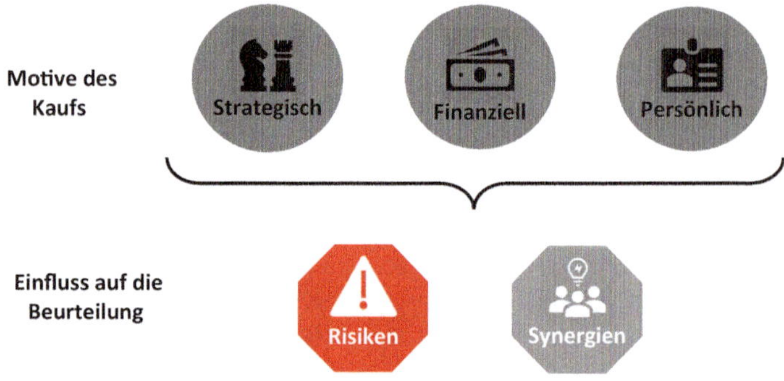

Abb. 1.3 Einfluss der Kaufmotive auf die Identifizierung und Beurteilung von Risiken und Synergien

[5] Vgl. https://de.wikipedia.org/wiki/Unternehmenskauf#Motive (zuletzt abgerufen am 30.03.2020).

1.3 Nutzen einer IT Due Diligence

1.3.1 Vermeidung einer Fehlentscheidung

Im Kontext der durchzuführenden Due Diligence, die von der Käuferseite durchgeführt wird, werden bei kleineren Transaktionen meist nur eine Financial Due Diligence und bestenfalls eine Commercial Due Diligence durchgeführt. Als Grund wird die Wirtschaftlichkeit der Transaktion und der damit zusammenhängen Transaktionskosten angeführt. Vielmals wird dabei verkannt, dass die IT-Funktion und die IT-gestützten Geschäftsprozesse für die Zukunftsfähigkeit des Kaufobjekts eine wesentliche Rolle spielen und mit relativ wenig Aufwand durch Fachleute eine aussagekräftige Bewertung der Chancen und Risiken herausgearbeitet werden kann. Insbesondere wenn die Motive des Kaufs bekannt sind, können diese für die Beurteilung der IT-Funktion von großer Bedeutung sein. Im Fall eines angestrebten Unternehmenszusammenschlusses (Merger), kann die Beurteilung der IT-Funktion und der damit einhergehenden IT-gestützten Geschäftsprozesse ein Kaufargument mehr oder aber ein Deal Breaker sein. Dies wird ersichtlich, wenn wir typische Integrationsprojekte nach dem Kauf bzw. nach dem Unternehmenszusammenschluss betrachten („Post-Merger-Integration"). Typischerweise sind im Rahmen eines Post-Merger-Integrationsprojekts IT-Projekte sehr ressourcen-, zeit- und kostenaufwendig. Die Umstellung eines ERP-Systems sowie die damit einhergehende Datenmigration können im Zusammenhang mit der Anpassung von Geschäftsprozessen Jahre beanspruchen. Die Kosten solcher IT-getriebener Post-Merger-Integrationsprojekte können im Rahmen einer IT Due Diligence abgeschätzt werden. In einem Projekt aus der Praxis wurden bis zum „Signing" keinerlei Überlegungen zu den betriebenen Systemen und zur IT-Integration angestellt. Erst beim Closing wurde klar, welch immensen Aufwand eine Systemmigration mit sich bringen wird.

Beispiel

Ein indisches Unternehmen erwarb ein Werk einer deutschen Gesellschaft, die wiederum zu einem Schweizer Konzern gehörte. Die IT wird zentral in der Schweiz betrieben. Das ERP-System (SAP) wurde in der Schweiz für alle Gesellschaften der Unternehmensgruppe „gemanaged". Auch das Produktionssystem in dem Werk in Deutschland lief auf SAP (Abb. 1.4).

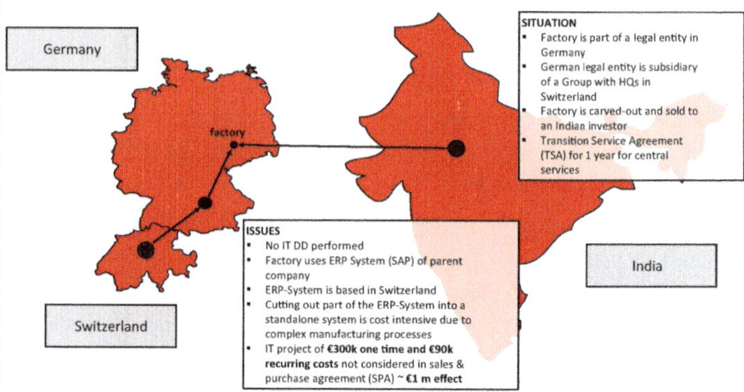

Abb. 1.4 Kauf eines Werks ohne Betrachtung der IT-Implikationen

Über den Kaufpreis des Werks wurde man sich sehr schnell einig. Dem Käufer war allerdings nicht klar, dass er das ERP-System nicht uneingeschränkt weiterbetreiben kann (auf Basis eines „Transition Service Agreements" einigte man sich auf ein Betriebsjahr nach Kaufpreisabwicklung) und ein einfaches Kopieren des in der Schweiz betriebenen SAP-Systems nicht möglich war. Es folgte ein sehr aufwendiges Migrations- und ERP-Einführungsprojekt (einmalige Kosten von ca. T€ 300) sowie eine personelle Aufstockung von mindestens einem lokalen IT-Mitarbeiter in Deutschland (jährlich ca. T€ 90). Beide Maßnahmen hatte der Käufer nicht in seinen Transaktionskosten eingeplant. Diese nicht eingeplanten Kosten verteuerten den Deal für den Käufer deutlich. Hätte er dies im Vorhinein gewusst, hätte er diesen Aspekt in die Kaufentscheidung und ggf. in die Kaufpreisverhandlung einfließen lassen können. Eine IT Due Diligence hätte Transparenz in die IT-Systemlandschaft des Kaufgegenstands gebracht. Darüber hinaus hätten auch – sofern die Absicht des Käufers offengelegen hätte – Implikationen im Sinne von geschätzten Kosten für die Integration des Werks in die indische Systemlandschaft bestimmt werden können.

Neben der Aufdeckung allgemeiner, mit der angebahnten Transaktion verbundener Risiken finanzieller, legaler und wirtschaftlicher Art, kann eine Due Diligence helfen, einer Fehlentscheidung vorzubeugen. Insbesondere ist es nicht nur möglich, dass nach Durchführung der IT Due Diligence das grüne Licht zum Deal plötzlich auf Rot umschlägt, sondern es kann auch vorkommen, dass ein Deal, der aus wirtschaftlicher Sicht eher auf Abbruch steht, nach Durchführung einer IT Due Diligence sich als vorteilhaft herausstellt. Diese beiden Fallkonstellationen wollen wir exemplarisch darstellen.

1.3.2 „Bad Deals" und „Missed opportunities"

Wie im Beispiel des Einführungskapitels gezeigt, kann es sein, dass das Unterlassen einer IT Due Diligence für einen Käufer sehr teuer zu stehen kommen kann. Mit Durchführung einer IT Due Diligence komplettiert sich das Bild des Kaufgegenstands und Fehlentscheidungen aufgrund von Informationsasymmetrien zwischen Verkäufer und Käufer können vermieden werden.

Hierbei sind zwei Fehler zu unterscheiden (Abb. 1.5):

- Fehler 1. Art „Bad Deal": Mangelndes Wissen über die IT-Funktion des „Targets" kann dazu führen, dass im Anschluss des Kaufs enorme IT-Kosten entstehen. Diese könnten aus einem Investitionsstau betreffend veraltete Hard- und Software, „Non-Compliance" mit relevanten Vorschriften oder Sicherheitslücken in der IT-Infrastruktur resultieren. Hätte der Käufer diese Mängel im Vorfeld gekannt, hätte er den angebotenen Kaufpreis ausgeschlagen. Der Käufer hat kurzum zu viel für das gekaufte Unternehmen bezahlt und ist einen schlechten Deal eingegangen.
- Fehler 2. Art „Missed Opportunity": Hier hat der Käufer mangels der genauen Kenntnis über die IT-Funktion des Targets den Deal ausgeschlagen. Der Kaufpreis war offensichtlich zu hoch. Jedoch hat allein die Betrachtung der IT-Funktion unter Annahme eines Unternehmenszusammenschlusses erhebliche Einsparungspotenziale in Personal- und IT-Infrastrukturkosten. Hätte der potenzielle Käufer eine IT Due Diligence durchgeführt, hätte er die Synergien erkannt und wäre den Deal eingegangen. In diesem Fall hat er die günstige Gelegenheit (missed opportunity) nicht genutzt.

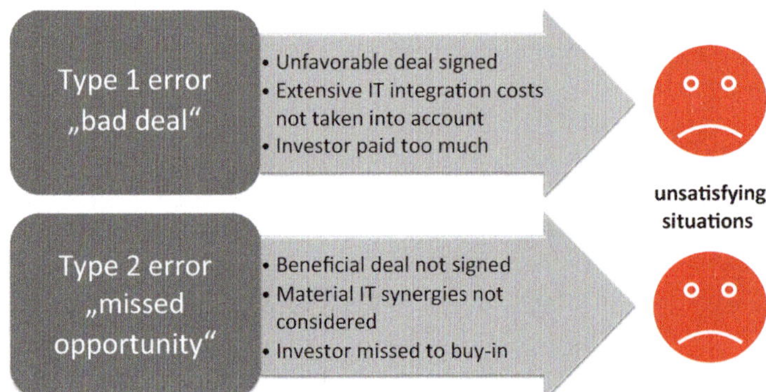

Abb. 1.5 Typ-1- und Typ-2-Fehler beim Unternehmenskauf

1.3.3 Exemplarische Rechenbeispiele

Bad Deal

Nehmen wir eine Kaufsituation an, bei dem der Käufer bereit ist, für ein kleines Unternehmen bis zu € 24 Mio. zu bezahlen. Der Verkäufer ist bereit, das Unternehmen zu diesem Preis zu verkaufen. Er wäre auch bereit, einen Preis von € 23 Mio. anzunehmen (Abb. 1.6). Der Verkäufer wusste, dass die IT-Infrastruktur veraltet war und dass viele Jahre nicht mehr in die IT-Infrastruktur investiert wurde. Mangels der Durchführung einer IT Due Diligence wurde dieser Umstand nicht entdeckt. Die Verhandlung pendelte sich bei € 24 Mio. ein. Der Deal wurde abgeschlossen.

Hätte der Käufer eine IT Due Diligence durchgeführt und hätte er den Investitionsstau in die IT-Infrastruktur entdeckt sowie Mängel in IT Compliance und der IT-Sicherheit erkannt, hätte er den Preis zumindest noch bis € 23 Mio. drücken können.

Without IT due diligence

Buyer has a lack of information concerning IT

Buying and selling price ranges

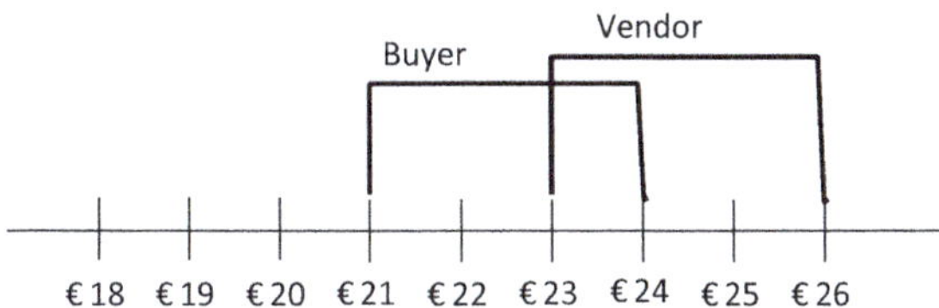

Abb. 1.6 Bad Deal (Zahlen in Mio.)

Nehmen wir nun an, eine IT Due Diligence wurde durchgeführt, und es wurden versteckte Kosten in Höhe von € 2 Mio. aufgedeckt. In diesem Fall ist der Käufer nur bereit, bis zu einem Kaufpreis von € 22 Mio. zu gehen. Wenn der Verkäufer auf seine Untergrenze des Kaufpreises von € 23 Mio. beharrt, wird kein Deal zustande kommen (siehe Abb. 1.7).

Having performed an IT due diligence

Buyer has a good understanding of IT

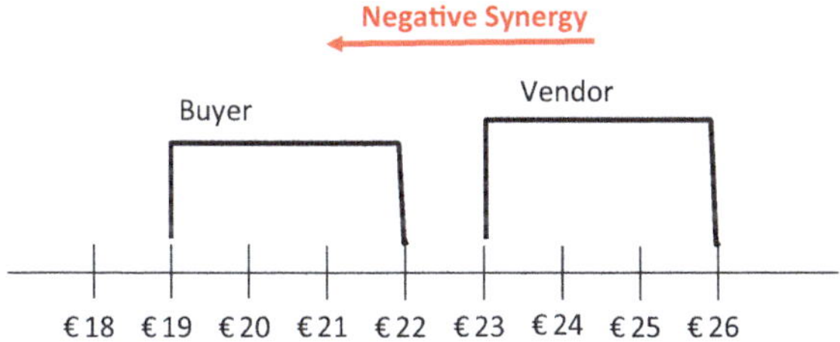

Abb. 1.7 Negative Synergien / versteckte Kosten (Zahlen in Mio.)

Dank der Durchführung einer IT Due Diligence wurde ein schlechter Deal vermieden.

Missed Opportunity (verpasste Chance)

Nehmen wir nun eine Kaufsituation an, bei der der Käufer bereit ist, bis zu € 22 Mio. für ein kleineres Unternehmen zu bezahlen. Der Verkäufer möchte allerdings mindestens € 21 Mio. für sein Unternehmen erhalten. Das war der Verkaufsgegenstand auch unter Berücksichtigung von Synergien auch wert. Allerdings wurden die Synergien, die vor allem in der IT-Funktion lagen (Personalkosteneinsparung, gemeinsames Rechenzentrum etc.), mangels der Durchführung einer IT Due Diligence nicht erkannt und flossen somit nicht in die Kaufpreisüberlegung ein (Abb. 1.8).

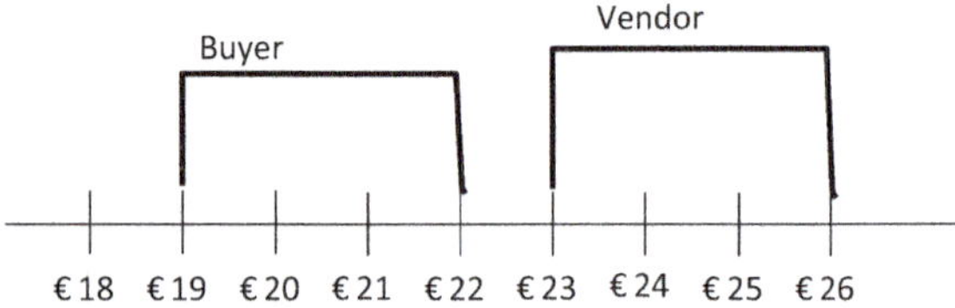

Abb. 1.8 Verpasste Chance (Zahlen in Mio.)

In der Tat lagen durch einmalige und wiederkehrende IT-Kosteneinsparungen Synergien im Wert von € 2 Mio. vor. Die Kaufbereitschaft des Käufers wäre anstelle der € 22 Mio. bis € 24 Mio. gegangen (siehe Abb. 1.9). Aufgrund des Unterlassens einer IT Due Diligence hat der potenzielle Käufer die Chance nicht erkannt. Ein Kaufpreis von € 23 Mio. wäre vorteilhaft gewesen. Eine hat die Chance verpasst, einen guten Deal abzuwickeln.

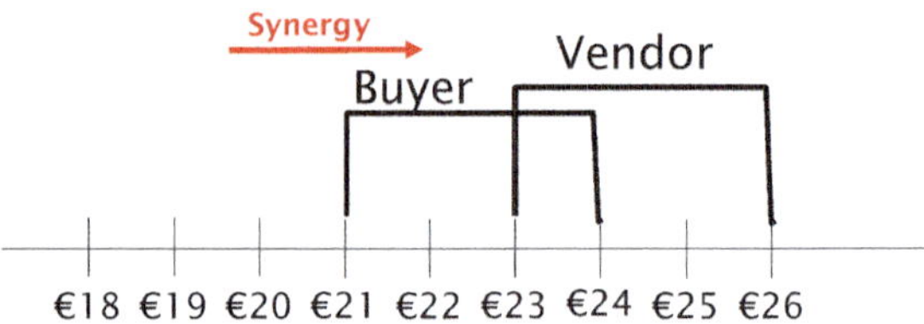

Abb. 1.9 Die Aufdeckung der Synergien erhöht die Kaufpreisspanne (Zahlen in Mio.)

Realistisches Rechenbeispiel

In der Realität treffen immer beide Effekte ein. Zum einen gibt es Kosteneinsparungspotenziale, zum anderen gibt es im Rahmen von Post-Merger-Integration immer auch einmalige und wiederkehrende Kosten, die zusätzlich zu berücksichtigten sind.

Nehmen wir folgendes Beispiel mit folgenden Ausprägungen an, wobei angenommen wird, dass nach der Umsetzung eines Asset Deals die Assets des gekauften Unternehmens vollständig in das Unternehmen des Käufers eingehen:

1. Käufer
   a. Unternehmen X
   b. Infrastruktur X
   c. ERP-System X
   d. 10 IT-Mitarbeiter

2. Gekauftes Unternehmen
   a. Unternehmen Y
   b. Infrastruktur Y
   c. ERP-System Y
   d. 6 IT-Mitarbeiter

3. Weitere Annahmen
   a. Ein IT-Mitarbeiter kostet € 80.000 jährlich.
   b. IT-Infrastruktur Y braucht nicht weiterbetrieben werden, da die Infrastruktur X genügend Kapazitäten hat, um Y in der X Umgebung integrieren zu können. Dadurch ergebt sich eine jährliche Einsparung von € 100.000. Die Migration der Infrastruktur Y auf X verursacht einmalige Kosten von € 30.000.
   c. Das ERP-System von Y ist moderner und funktional umfassender. Die Übernahme aller Benutzer in das ERP-System von Y ergibt Skaleneffekte. Es konnte mit einer höheren Benutzerzahl ein günstigerer Preis je Benutzer ausgehandelt werden. Jährliche Einsparung: € 80.000. Einmalige Kosten für Migration: € 200.000 und für den Abschluss des neuen Lizenzvertrags: € 5.000.

d. Im Rahmen des Post-Merger-Integrationsprojekts müssen IT-Prozesse angepasst und Mitarbeiter geschult werden. Dabei entstehen einmalige Kosten von € 50.000.
e. Für die Kaufpreisanpassung wird vereinfacht mit einem „Multiple" von 8 für wiederkehrende Kosteneinsparungen gerechnet.

In dem exemplarischen Rechenbeispiel erhöhen die Synergieüberlegungen die Kaufpreisbereitschaft um € 1,78 Mio. (Abb 1.10). Dies ist sicherlich kein weltfremdes Beispiel. In der Praxis dürften ähnliche Rechnungen aufgemacht werden können.

	Buyer's firm	Target	Task	Recurring savings	One-time costs (PMI project)	Total (recurring savings times 8 minus one-time costs)
IT Staff	10	6	Keep 15 heads	€ 80,000	€ 15,000	€ 625,000
IT Infrastructure	Infrastr. X	Infrastr. Y	Choose Infrastr. X	€ 100,000	€ 30,000	€ 770,000
IT Applications	ERP X	ERP Y	Choose ERP Y	€ 80,000 (economies of scale, user/price scales)	€ 5,000 (set up a new agreement) € 200,000 (system migration)	€ 435,000
IT Business Processes	Staff use Buyer's IT for work	Staff use Target's IT for work	Train both sets of staff to use new systems		€ 50,000	-€ 50,000
						€ 1,780,000

Abb. 1.10 Exemplarisches Rechenbeispiel

2 Gegenstand und Vorgehensweise

2.1 Gegenstand der IT Due Diligence

Gegenstand einer IT Due Diligence ist die IT-Funktion eines zu beurteilenden Unternehmens. Beurteilt wird in diesem Zusammenhang die IT-Organisation, IT-Infrastruktur, IT-Applikationen, IT-gestützte Geschäftsprozesse, IT-Dienstleister sowie gegenwärtige und zukünftige IT-Projekte, IT-Kosten (Ist und Plan) und die Einschätzung der IT Compliance.

Hinweis:
Manch einer könnte auf die Idee kommen, anstelle einer IT Due Diligence eine Prüfung analog nach IDW PS 330 durchzuführen. Dies wäre allerdings etwas zu kurz gesprungen. Der IDW PS 330 hat die Ordnungsmäßigkeit und Sicherheit rechnungslegungsrelevanter Anwendungen sowie die Entdeckung von Fehlerrisiken in der Rechnungslegung in IT-gestützten Geschäftsprozessen als Gegenstand der Prüfung. Nicht in dieser Betrachtung enthalten sind Effizienz- und Kostenaspekte sowie geplante IT-Projekte und allgemeine IT-Compliance-Anforderungen, wie sie sich beispielsweise aus Branchenstandards und den Datenschutzvorschriften ableiten lassen. Allerdings könnten die Ergebnisse aus einer IT-Prüfung nach IDW PS 330 als Ausgangspunkt einer IT Due Diligence sicherlich verwertet werden, sofern die Weitergabe der Ergebnisse berufsrechtlich zulässig ist.

Im ersten Schritt wird durch Erhebung von Informationen ein Gesamtverständnis des Kaufunternehmens und der IT-Funktion gewonnen. Wie Informationen gewonnen werden können, zeigen wir in Kapitel 2.3. Die Elemente der IT-Funktion werden dahingehend beurteilt, welche Risiken unter der Annahme der Kaufabsicht (z. B. Integrationsrisiken) gegeben sind und welche Synergien im besten Fall realisiert werden können. Die IT-Due-Diligence-Prüfung schließt mit einem IT-Due Diligence Bericht ab. Idealtypisch enthält eine IT Due Diligence die folgenden vier Arbeitspakete (Abb. 2.1):

1. Verständnisgewinnung der IT-Funktion
2. Identifizierung und Beurteilung von Risiken im Hinblick auf den Kauf

3. Identifizierung und Beurteilung von Synergien im Hinblick auf den Kauf
4. Kommunikation der Ergebnisse/Berichterstattung.

Wie die Abarbeitung dieser vier Arbeitspakete erfolgt, welche Checklisten und Methoden eingesetzt werden, um Erkenntnisse zu gewinnen, erklären wir in den Kapiteln 2.3 (Vorgehensweise) und 3 (Inhalte und Methoden).

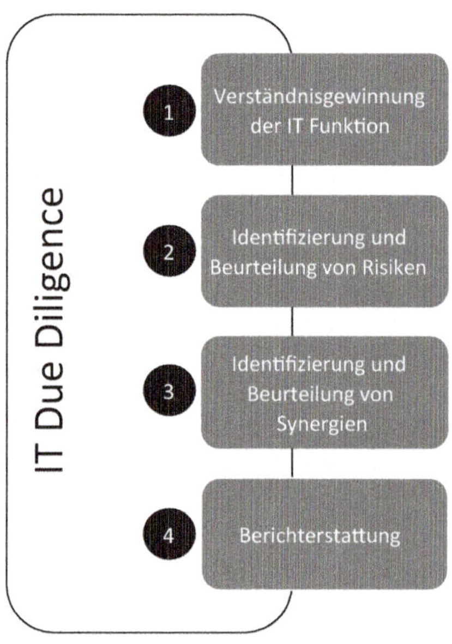

Abb. 2.1 Arbeitspakete einer Due Diligence

2.2 Beispielhafte Risiken und Synergien

Konkrete Risiken und Synergien ergeben sich aus dem Einzelfall. Allerdings sind manche Risiken und Synergien typisch für einen Unternehmenskauf aus IT-Sicht. Risiken, die der Käufer nicht eingehen will, könnte mit Maßnahmen unmittelbar nach dem Kauf begegnet werden. In jedem Fall haben sie Auswirkungen auf den subjektiven Unternehmenswert des Käufers und beeinflussen direkt die Kaufpreisverhandlungsbereitschaft.

2.2.1 Risiken

Identifizierten Risiken, z. B. IT-Compliance-Risiken, IT-Sicherheitsrisiken, IT-Investitionsrückstand, kann mit Maßnahmen begegnet werden. Die Umsetzung der Maßnahmen (z. B. ISO 27001-Zertifizierung) sind mit entsprechenden Kosten und einem organisatorischen Dokumentations- und Ressourcenaufwand verbunden. Für einzelne Maßnahmen können Kosten von erfahrenen Beratern gut abgeschätzt werden. Dabei kann es sich um einmalige Aufwendungen (z. B. spezielle Schulungsmaßnahme, Migrationsprojekt) oder um wiederkehrende Aufwendungen (z. B. jährliche IS27k-Prüfung, Kompetenz- und Personalaufbau) handeln. Die nachfolgende Abbildung zeigt beispielhaft zusätzliche Kosten für IT-Compliance-Themen und abzulösende Anwendungen. Weitere Risiken wurden bzgl. eines unzureichendes IT-Sicherheitsschutzes, manueller Prozesse und gegenwärtiger IT-Projekte (Abb. 2.2) entdeckt.

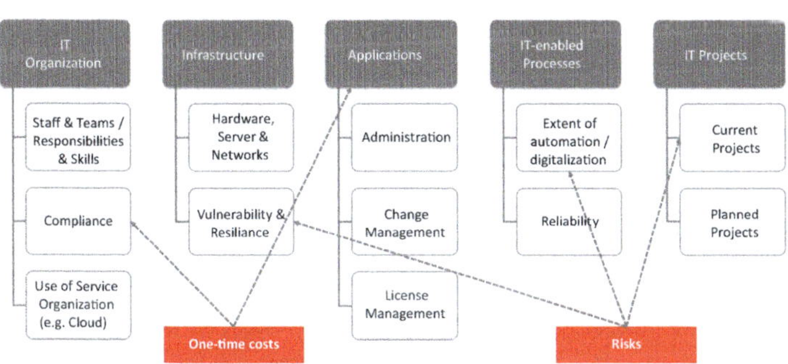

Abb. 2.2 Identifikation von Risiken (Red Flags)

2.2.2 Synergien

Synergien schlagen sich in Kosteneinsparungen nieder. Unter Annahme eines Mergers können womöglich Mitarbeiter abgebaut und damit Personalkosten gespart werden. Auch können nach erfolgter Migration auf die IT-Infrastruktur der neuen Muttergesellschaft Kosten für den Betrieb einer zweiten IT-Systemlandschaft gespart sowie laufende Projekte gestoppt werden. Dies haben wir in der folgenden Abbildung veranschaulicht (Abb. 2.3).

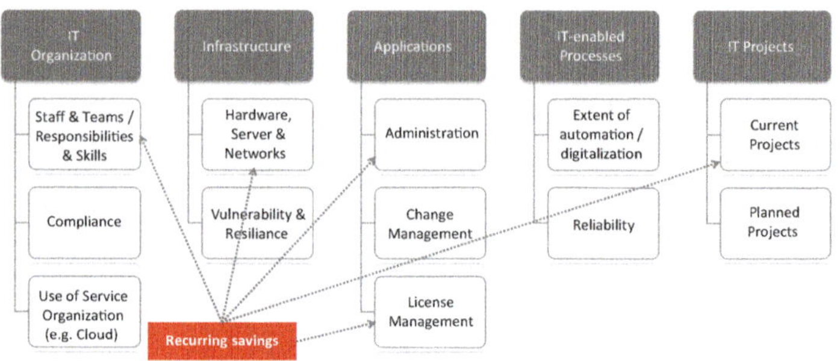

Abb. 2.3 Identifikation von Synergien (z. B. wiederkehrende Einsparungen)

In einer IT Due Diligence geht es primär um die Identifikation von Risiken und Synergien. Idealerweise gelingt neben der Identifikation der Risiken und Synergien auch eine monetäre Bewertung der Sachverhalte. Diese Erkenntnisse können in die Kaufpreisverhandlungen eingebracht werden.

2.3 Das Vorgehensmodell

Die während der Due-Diligence-Prüfung gesammelten Informationen und Erkenntnisse sind entscheidend für die erfolgreiche Abwicklung eines Deals. Eine Due Diligence bei Unternehmenszusammenschlüssen kann ein langwieriger und aufreibender Prozess sein, da zur gleichen Zeit verschiedene Parteien in verschiedenen Phasen beteiligt sind und die Mitarbeiter des Zielunternehmens von mehreren Beratern, Prüfern und Rechtsanwälten gleichzeitig befragt werden. Je nach Größe der Transaktion kann sich eine Due Diligence über mehrere Monate hinziehen. Zudem wird nur eine begrenzte Anzahl an Mitarbeitern des Zielunternehmens eingebunden, um die geplante Transaktion nicht „publik" zu machen. In vielen Fällen läuft eine Due Diligence nicht unter dem eigentlichen Namen „Due Diligence", sondern wird üblicherweise als eine Art „Interne Revision" plakatiert und mit einem nichtssagenden Projektnamen versehen.

Ein Vorgehensmodell orientiert sich an fünf Phasen des Due-Diligence-Prozesses (Abb. 2.4):[6]

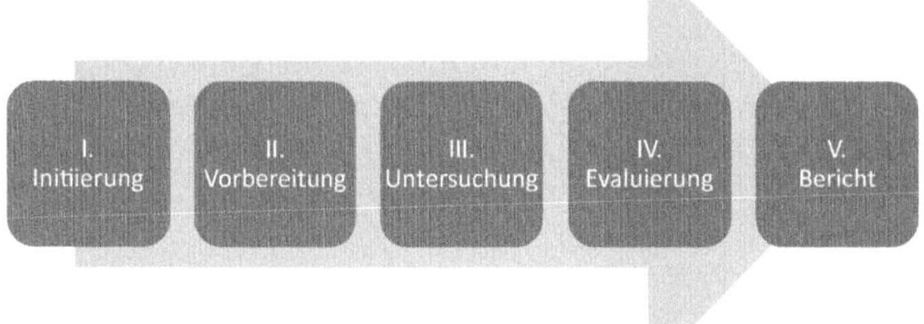

Abb. 2.4 Vorgehensmodell/Due-Diligence-Prozess

1. Initiierung
   a. Kick-off und Briefing (Kapitel 2.3.1)
   b. Gewinnung von allgemeinen Unternehmensinformationen (Kapitel 2.3.2)

2. Vorbereitung
   a. Erstellung einer auf das Unternehmen angepassten Anforderungsliste (Kapitel 2.3.3)
   b. Übersendung der angepassten Anforderungsliste und Überwachung des Rücklaufs der angeforderten Dokumente

3. Untersuchung
   a. Review der angeforderten Dokumente (Kapitel 2.3.4)
   b. Durchführung von Gesprächen und Besichtigung vor Ort (Kapitel 2.3.5)

4. Evaluierung
   a. Identifizierung von Risiken und Synergien (Kapitel 2.3.6)
   b. Bewertung von Risiken und Synergien (Kapitel 2.3.6)

6 Vgl. Mike Sisco (2012), IT Due Diligence, merger & acquisition discovery process http://itmanagerstore.com/wp-content/uploads/2012/01/IT_Due_Diligence_eBook2012ju6gh.pdf (zuletzt abgerufen am 15.03.2020).

5. Bericht
   a. Aufbereitung und Kommunikation der Ergebnisse (Kapitel 2.3.7)
   b. Berichterstattung (Kapitel 2.3.7)

2.3.1 Das „Briefing“

Eine Due Diligence ist ein Projekt. Jedes Projekt benötigt zum Projektstart (Kick-off) eine Definition von Zielen, eine Aufgabenverteilung, einen Projektplan und „Briefing“ der Projektteilnehmer darüber. Das Briefing ist entscheidend für die eigentliche Durchführung, die Qualität der Due Diligence sowie für den Due-Diligence-Bericht.

In dem durchzuführenden Briefing sollten neben der Zielsetzung und der Zeitlinie alle Due-Diligence-Projektteilnehmer bekannt gegeben, die Kommunikationswege, die Ansprechpartner sowie die Ablage im Datenraum erklärt werden. Auch allgemeine Informationen zum Kaufobjekt können besprochen werden.

Je mehr der potenzielle Käufer auch bereit ist, seine Motive offenzulegen, desto eher können Synergien und Risiken entsprechend der Kaufmotive ausgerichtet werden. Dies ist insb. bei einem Integrationsvorhaben sehr von Vorteil.

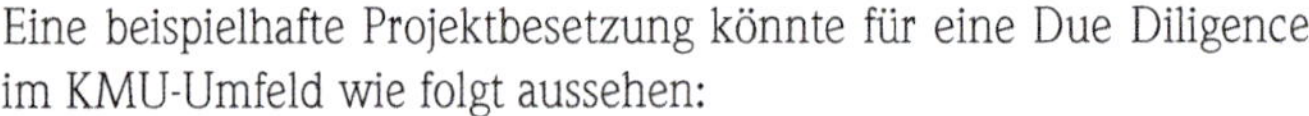

Beispiel
Eine beispielhafte Projektbesetzung könnte für eine Due Diligence im KMU-Umfeld wie folgt aussehen:

Nr.	Bereich	Qualifikation	Projektmitarbeiter
1	Financial DD	Wirtschaftsprüfer	Name 1
2	Commercial DD	Unternehmensberater	Name 2
3	Tax DD	Steuerberater	Name 2
4	Legal DD	Rechtsanwalt	Name 3
5	IT DD	IT-Berater/IT-Prüfer, z. B. CISA	Name 4

Tab. 2.1 Exemplarische Projektbesetzung

2.3.2 Gewinnung von allgemeinen Unternehmensinformationen

Bevor man sich an Mitarbeiter des Kaufobjekts wendet, ist es ratsam, zunächst allgemeine Informationen über das zu beurteilende Unternehmen zu erheben. Dafür stehen mehrere Quellen zur Verfügung. In jedem Fall sollte die Homepage sowie der Bundesanzeiger (oder ähnliche Quellen für Finanzinformationen, wie Analysen von Auskunfteien, z. B. Creditreform) herangezogen werden. Sofern es Branchenberichte oder Analysen zu Konkurrenz- und Vergleichsunternehmen gibt, sind dies auch sehr gute Quellen zur Gewinnung allgemeiner Unternehmensinformationen.

Auf der Homepage können Themen zur allgemeinen IT Compliance im Hinblick auf Datenschutz, wie z. B. der Ausgestaltung der Datenschutzhinweise, die Verwendung von Verschlüsselungstechniken und Cookies sowie die Bestellung von Newslettern und Kontaktanfragen beurteilt werden. Aus Branchenberichte können z. B. Kennzahlen zu IT-Kosten, typische IT-Systeme und die branchenübliche Integration unternehmensübergreifender Systeme zum Managen der Supply-Chain gewonnen werden.

2.3.3 Anforderungsliste

Nachdem die allgemein zugänglichen Informationen erhoben wurden, sind gezielte Informationen und Dokumente anzufragen. Dies passiert üblicherweise mit einer umfangreichen Anforderungsliste, die an das zu beurteilende Unternehmen versendet wird. Sinnvollerweise wird nur eine Anforderungsliste, die alle Perspektiven der durchzuführenden Due Diligence abdeckt, versendet. Hier sollte sich also der Gesamtprojektverantwortliche für die Due Diligence die Anforderungen von den Teilprojektverantwortlichen für die einzelnen Bereiche vollständig einholen, bevor er die Anforderungsliste den Ansprechpartnern des zu kaufenden Unternehmens versendet. Idealerweise wird der Anforderungsliste auch die Kontaktdaten der Due-Diligence-Projektteilnehmer und der Ansprechpartner enthalten. Eine Anforderungsliste für eine IT Due Diligence deckt die folgenden Elemente ab:

Nr.	Element	Inhalte
1	IT-Strategie	Mission-Vision-Value-Statement der IT im Unternehmen
2	IT-Kosten	Aufstellung der Ist- und Plankosten für Investitionen (CAPEX) und laufende IT-Kosten (OPEX)
3	IT-Organisation	Organigramm, Aufbau- und Ablauforganisation, Liste Mitarbeiter/Qualifikationen, besondere Verantwortlichkeiten, wie Informationssicherheitsbeauftragter, Datenschutzbeauftragter sowie Einbindung in das Gesamtorganigramm/Berichtswege des Unternehmens
4	IT Policies & Procedures	IT-Sicherheitskonzept, Onboarding- und Offboarding-Prozess, Berechtigungskonzept, Change Management, IT-Notfallplan (DRBCP), Datensicherungskonzept, technische und organisatorische Maßnahmen nach Art. 32 DSGVO
5	IT-Infrastruktur	Standorte, Netzwerke, Firewalls, Internetanbindung, Kupfer- und Glasfaserleitungen, Internetanschluss, Ausstattung des Server-Raums (Racks, unterbrechungsfreie Stromversorgung, Klimaanlagen, Brandfrüherkennungssysteme)
6	IT-Hardware	Server, Workstations, Router, Switche
7	Software und Schnittstellen	Anwendungssoftware und Datenbanken inkl. Cloud-Anwendungen und Schnittstellen, Betriebssysteme, Virtualisierungssoftware, Middleware, Sicherheitssoftware
8	IT-Projekte	Laufende und geplante IT-Projekte
9	IT-Dienstleister und Outsourcing	Verträge und Service-Level-Agreements (SLA), Laufzeiten
10	IT Compliance	Zertifizierungen (z. B. ISO 27001, TISAX ...) und Bescheinigungen (IDW PS 951, ISAE 3402 ...)

Tab. 2.2 Themengebiete der Anforderungsliste

2.3.4 Dokumenten-Review

Nachdem das Zielunternehmen die angeforderten Informationen zur Verfügung gestellt hat, wird mit dem Review der erhaltenen Dokumente begonnen. Im ersten Schritt sind die erhaltenen Dokumente mit der Anforderungsliste abzugleichen. Bei fehlenden Dokumenten ist festzustellen, ob diese Dokumente nicht vorhanden, nicht anwendbar oder einfach nur vergessen und deshalb nicht geliefert wurden. Ist Letzteres der Fall, sollte zeitnah nachgehakt werden. Sind Dokumente unklar oder Informationen veraltet oder unschlüssig, können diese für Follow-up-Gespräche markiert werden.

Nr.	Angefordertes Dokument	Erhaltenes Dokument	Kommentar	Gesprächs-bedarf (j/n)
1	IT-Organigramm	OrgChart-IT_dep.pdf	Ok	Nein
2	Liste der IT-Mitarbeiter	IT-Mitarbeiter2020.xls	Um Qualifikationen und Erfahrungsjahre ergänzen	Ja
3	IT-Sicherheits-konzept	IT-Richtlinie_2020.pdf	Ok	Nein
4	...	...	...	...

Tab. 2.3 Beispielhafter Dokumenten-Review

Bei der Durchsicht der Unterlagen wird sehr schnell ein Verständnis über die IT-Funktion, die Organisation, die Verantwortlichkeiten und die Systeme gewonnen. Für jedes Element sind augenscheinliche Risiken und mögliche Synergien zu evaluieren.

Die gewonnen Erkenntnisse sind in Gesprächen mit IT-Mitarbeitern, die als Ansprechpartner genannt wurden, zu validieren.

2.3.5 Gespräche mit IT-Mitarbeitern

Bevor mit den Gesprächen begonnen wird, sollte einerseits ein Gesprächsleitfaden entwickelt werden, andererseits klar stehen, wie die Gesprächsreihenfolge der Gesprächspartner ist. Bezüglich der Gesprächsreihenfolge hat sich die Top-down-Ansatz bewährt. Sie beginnen mit dem Verantwortlichen in der Geschäftsleitung, dann den Bereichsverantwortlichen, folgend den Abteilungsleitern, Teamleitern und ggf. mit einzelnen operativen Mitarbeitern der IT. Bei kleineren und mittleren Unternehmen (KMU) können sich die Gespräche auf den IT-Leiter und ausgewählte operative Mitarbeiter beschränken. Um über die Fragen der Anforderungsliste weitere Informationen zu erhalten, lohnt es sich, die Fragen offen zu gestalten.

In Gesprächen mit den Führungskräften kann zunächst die Strategie (Thema 1 gemäß Aufbau der Anforderungsliste) und den „Auftrag" (Mission-Vision-Value) der IT-Abteilung im Kontext des Gesamtunternehmens hinterfragt werden. „IT" kann sehr unterschiedlich gesehen werden: Vom reaktiven Technologiepartner, der Hardware- und Software-Probleme löst bis hin zum proaktiven „Enabler" für Digitalisierung und Innovation kann die Rolle der IT in der ganzen Bandbreite verstanden werden (s. Abb. 2.5).[7]

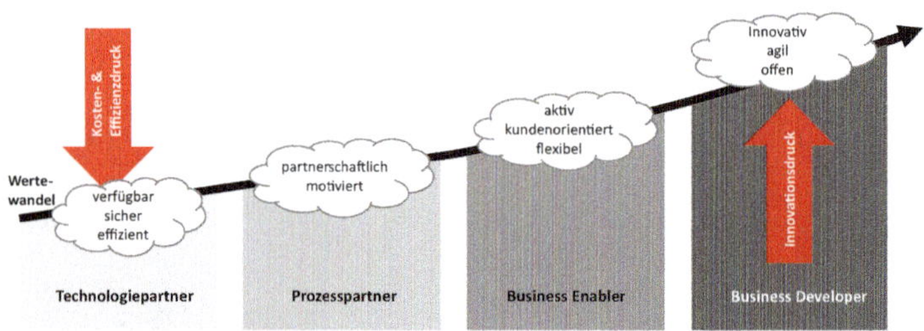

Abb. 2.5 Rolle der IT im Wandel

Ist die Rolle der IT geklärt, können mit den Verantwortlichen die Themen 2 (IT-Kosten), 3 (IT-Organisation), 4 (Policies & Procedures), 8 (IT-Projekte) und 10 (IT Compliance) gemäß der Gliederung der Anforderungsliste diskutiert werden.

Im Anschluss daran sind mit operativen Mitarbeitern die restlichen Themen 4 (IT Policies & Procedures), 5 (IT-Infrastruktur), 6 (IT-Hardware), 7 (IT-Applikationen und Schnittstellen) und 9 (IT-Dienstleister und Outsourcing) zu diskutieren. Zu jedem Gespräch sollte man sich auf Basis der gewonnenen Erkenntnisse aus dem Dokumenten-Review vorbereiten. Damit die Ableitung der Ergebnisse nachvollziehbar ist, ist nach jedem Gespräch ein Protokoll anzufertigen, in welchem die besprochenen Themen sowie die Erkenntnisse daraus festgehalten werden.

2.3.6 Identifizierung und Bewertung der Risiken und Synergien

Nachdem alle Informationen gesammelt wurden und die Gespräche abgeschlossen sind, beginnt der Phase der Identifizierung und Bewertung der erhobenen Risiken und Synergien.

Hierzu sind alle empfangenen Dokumente gründlich zu studieren und mit den Ergebnissen aus den Gesprächen abzugleichen.

[7] Vgl. https://yellowbirds.consulting/wertewandel-der-it (zuletzt abgerufen am 30.04.2020).

Für die Erhebung der IT-Risiken, die für den Kauf relevant sind, kann es hilfreich sein, zunächst auf die bereits erhobenen Risiken aus dem IT-Risiko-Management abzustellen. Ein IT-Risiko-Management ist zwangsweise vorhanden, wenn das zu untersuchende Unternehmen z. B. nach ISO 27001 zertifiziert ist, denn dann hat es ein funktionierendes „Information-Security-Management-System" (ISMS). Das IT-Risiko-Management ist Bestandteil des ISMS. Risiken werden im Rahmen des Plan-Do-Check-Act-Cycles regelmäßig erhoben, evaluiert und dem Management berichtet sowie Maßnahmen abgeleitet.

Risiken können sich aus dem Alter der Infrastruktur und der Hardware sowie aus den Versionsständen der verwendeten Applikationen und der Systemhomogenität bzw. -heterogenität ergeben. Je heterogener und älter eine Systemlandschaft ist, desto wartungsintensiver ist sie. Überlegungen zu Risiken im Detail erläutern wir zu jedem Thema getrennt in Kapitel 3. Hier wollen wir nur zu grundlegenden Überlegungen anregen.

Die Bestimmung von Synergien ist sehr einzelfallabhängig und kann nur im Kontext mit dem Vorhaben des Unternehmenskaufs vollständig durchgeführt werden. Im Fall eines Unternehmenszusammenschlusses gibt es regelmäßig eine Vielzahl von Synergien. Angefangen von der Möglichkeit, die IT-Funktionen beider Einheiten zu bündeln und somit IT-Verwaltungskosten zu sparen, kann dieser Gedanke auf die gesamte IT-Infrastruktur, Hardware, Software und IT-Mitarbeiter angewandt werden.

Sinnvollerweise werden die Risiken und Synergien strukturiert erhoben, dokumentiert und wenn möglich auch monetär bewertet. Dies könnte in der Form der nachfolgenden Tabelle geschehen.

Nr.	**Bereich**	**Risiken**	**Synergien**	**Monetäre Bewertung**
1	IT-Organisation a) Funktionale Aufteilung b) IT-Mitarbeiter			Einsparung von € 120.000 jährlich

Nr.	Bereich	Risiken	Synergien	Monetäre Bewertung
2	IT-Applikationen a) ERP-System	Heterogene Systemlandschaft, viele Schnittstellen, ERP-System von FiBu getrennt, veraltetes ERP-System im Einsatz	Migration auf das ERP-System des Käufers	Einsparung von Lizenzkosten und Wartungskosten von € 50.000 jährlich Einmalige Migrationskosten von € 100.000
3	...	...	...	...

Tab. 2.4 Dokumentation und Bewertung von Risiken und Synergien

2.3.7 Kommunikation und Berichterstattung

Die vorläufigen Ergebnisse sind zunächst im Due-Diligence-Projekt-Team zu besprechen. Dies dient dazu, dass mit Quer-Checks mögliche Missverständnisse und Widersprüchlichkeiten zwischen den Teilprojektteams beseitigt werden und die Ergebnisse der IT Due Diligence in die Financial Due Diligence and Legal Due Diligence einfließen können.

Der IT-Due-Diligence-Bericht ist regelmäßig Bestandteil des Gesamtberichts und wird in die Struktur des Gesamtberichts integriert. Wird eine IT Due Diligence separat beauftragt, kann der Bericht folgende Struktur aufweisen:

1. Auftrag und Auftragsdurchführung
   a. Zielsetzung
   b. Gegenstand der IT Due Diligence
   c. Annahmen zur Ermittlung von Synergien

2. Beschreibung der IT-Funktion
   a. IT-Strategie
   b. IT-Kosten
   c. IT-Organisation
   d. IT Policies & Procedures
   e. IT-Infrastruktur
   f. IT Hardware
   g. IT-Applikationen
   h. IT-Projekte
   i. IT-Dienstleister und Outsourcing

j. IT Compliance

3. Darstellung der bewerteten Risiken und Synergien
4. Empfehlungen für eine Kaufpreisanpassung
5. Zusammenfassung

2.4 Post-Deal-Aktionen

Für einen Durchführenden einer (IT) Due Diligence kann es hilfreich sein, zu verstehen, was nach Abschluss einer Transaktion mit dem Kaufgegenstand geplant ist. Nur mit diesem Wissen können Risiken und Synergien vollständig und sachgerecht beurteilt werden.

Weniger spannend sind Fälle, in denen nach Abschluss des Deals nichts passiert. Das sind die Fälle, in denen das gekaufte Unternehmen in einem Portfolio von Unternehmen unverändert fortgeführt wird. In allen anderen Fällen, in denen Veränderungen vorgesehen sind, ist es für den Beurteilenden von Vorteil, wen er die beabsichtigen Absichten des Käufers erfährt, damit diese in die Risiko- und Synergiebeurteilung der Due Diligence einfließen können.

Betrachten wir nun den Prozess der „Post-Merger-Integration". Hier ist beabsichtigt, in einem komplexen Prozess das gekaufte Unternehmen in das Unternehmen des Käufers zu integrieren.

Dies passiert regelmäßig in drei Phasen (Abb. 2.6):[8]

1. Co-Existenz (Phase 1)
2. Transition (Phase 2)
3. Assimilation (Phase 3)

[8] Vgl. Gabler Wirtschaftslexikon, https://wirtschaftslexikon.gabler.de/definition/post-merger-integration-44886/version-146702 (zuletzt abgerufen am 17.04.2020).

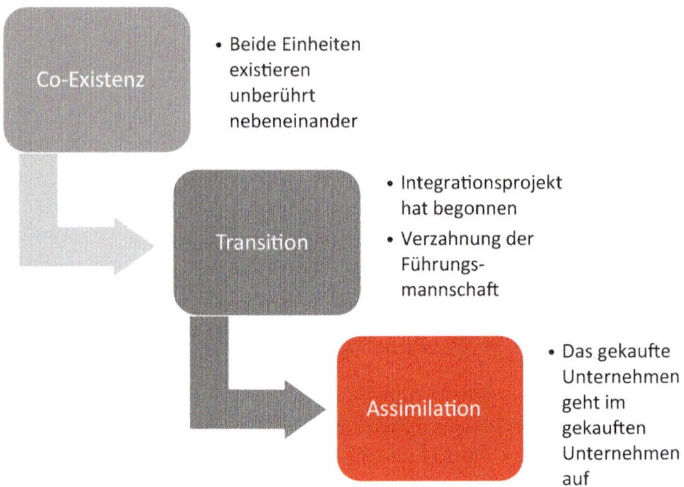

Abb. 2.6 Phasen der Integration

2.4.1 Co-Existenz (Phase 1)

Wenn ein Unternehmen ein anderes Unternehmen erwirbt, erwirbt es auch die IT-Funktion dieses Unternehmens. Das Zielunternehmen verfügt über eigene Mitarbeiter, eine eigene Infrastruktur, eigene IT-Anwendungen und IT-gestützte Geschäftsprozesse. In dieser Phase haben wir zwei koexistente Einheiten mit autonomen IT-Funktionen (Abb. 2.7). Diese Phase wird darin gekennzeichnet, dass nur ein Eigentumsübergang stattgefunden hat und

- beide Einheiten nebeneinander existieren, ohne dass
- potenzielle Synergien gehoben wurden.

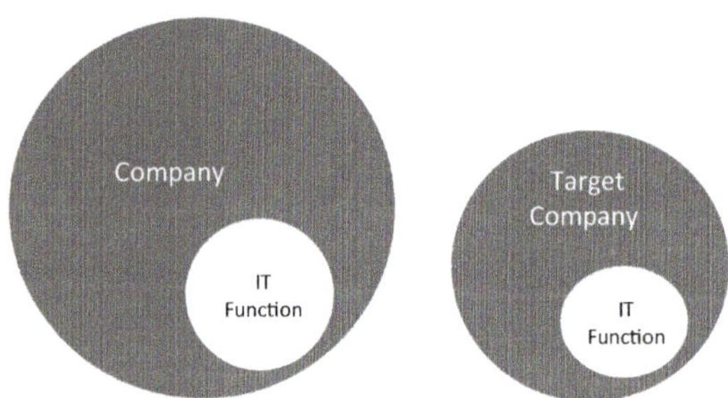

Abb. 2.7 Phase der Co-Existenz

2.4.2 Transition (Phase 2)

In dieser Phase wird die Absicht der Integration offengelegt (Abb. 2.8). Es wird ein Projekt initiiert, in welchem die Integration der beiden Einheiten geplant wird. Dies erfolgt im Rahmen einer „Post-Merger-Integration (PMI)“. Der Erfolg dieses Projekts kann entscheidend dafür sein, dass sich der Kauf letztendlich auch lohnt. Unternehmenszusammenschlüsse scheitern sehr oft in dieser Phase. Als Gründe werden die unterschätzte Komplexität der Unternehmenszusammenführung angeführt, unvereinbare Unternehmenskulturen und die nicht ausreichend erforschte Prozess- und Systemlandschaft (insb. ERP-System) des gekauften Unternehmens. Ein PMI-Projekt folgt regelmäßig den folgenden Schritten:[9]

1. Aufsetzen des Integrationsprojektes
2. Verzahnung der Führungsorganisation
3. Besetzung der Führungsmannschaft
4. Ausrichten des Mitarbeiterverhaltens sowie
5. Verzahnung der operativen Geschäftsaktivitäten

Nach einem erfolgreichen Integrationsprojekt können die erkannten Synergien realisiert werden.

Im Rahmen der Betrachtung der IT-Funktion ergeben sich typischerweise folgende Maßnahmen:

- Reduzierung der Anzahl der IT-Mitarbeiter auf Basis vorbereiteter Abfindungsangebote,
- Kündigung von Verträgen mit Software-Herstellern und IT-Dienstleistern,
- Migration von Systemen und Daten auf eine zentralgeführte IT-Infrastruktur.

[9] Gabler Wirtschaftslexikon Online https://wirtschaftslexikon.gabler.de/definition/post-merger-integration-44886/version-146702 (*zuletzt abgerufen am 30.04.2020*).

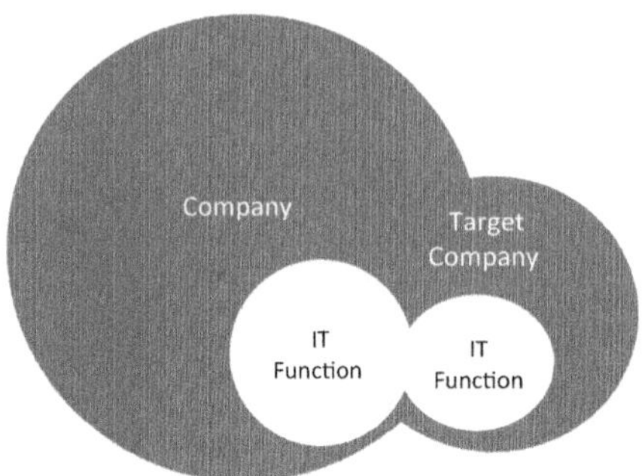

Abb. 2.8 Transition Phase

2.4.3 Assimilation (Phase 3)

Der oben beschriebene Integrationsprozess kann sich über mehrere Jahre hinziehen. Eine vollständige Assimilation ist erst erreicht, wenn es auch in den Köpfen der Mitarbeiter beider Einheiten geschehen ist. Gerade wenn unternehmenskulturelle Aspekte sehr unterschiedlich ausgeprägt waren, bedarf der Integrationsprozess permanenter Betreuung. Aus IT-Gesichtspunkten ist die Assimilation vollzogen, wenn Systeme und Geschäftsprozesse vereinheitlicht sind und es nur noch eine IT-Funktion im Unternehmen gibt. Dies soll die nachfolgende Abbildung idealtypisch darstellen (Abb. 2.9).

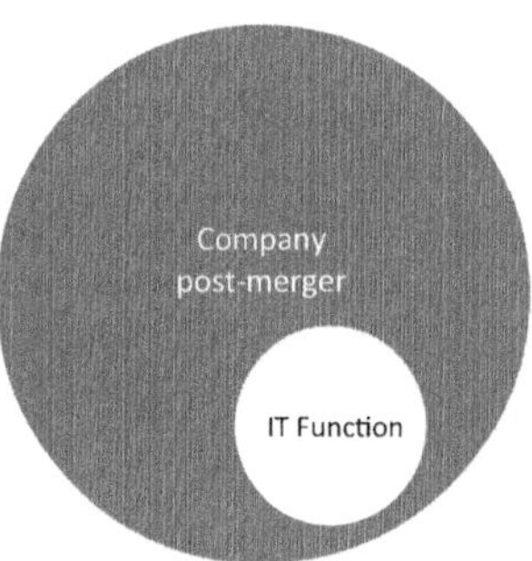

Abb. 2.9 Phase der Assimilation

Nun kommen wir wieder zur eigentlichen IT Due Diligence zurück. Kapitel 3 zeigt im Detail, wie die einzelnen Themen der IT-Funktion beleuchtet und diskutiert werden, um daraus Risiken und Synergien ableiten zu können.

3 Durchführung der IT Due Diligence

Nachdem wir nun die Vorgehensweise zur Durchführung einer IT Due Diligence kennengelernt haben (Kapitel 2), kommen wir zu den eigentlichen Inhalten einer IT Due Diligence. Die Beurteilung der IT-Funktion ist von vielen Faktoren abhängig. So sind einerseits branchen- und größenabhängige als auch unternehmensspezifische Faktoren zu nennen. In einigen Branchen ist die Ausgestaltung der IT-Funktion an feste „Standards" (MA-Risk, BAIT, TISAX, ISO27k, ...) gebunden. Aber auch das eigentliche Geschäftsmodell und die Reife des Unternehmens an sich sind von großer Bedeutung für die Beurteilung der IT-Funktion. Handelt es sich um ein Start-up oder um ein traditionelles Familienunternehmen in der vierten Generation, hat dies Auswirkungen auf die Ausgestaltung der IT-Funktion. Es mag zwar recht leicht sein, das Vorgehensmodell gemäß Kapitel 2 anzuwenden, die inhaltliche Beurteilung der IT-Funktion bedarf jedoch einer langjährigen Erfahrung des Beurteilers. Die in diesem Kapitel diskutierten Themen können nur als Grundgerüst gesehen werden. Risiken und Synergien werden nur beispielhaft skizziert und es bedarf immer eine Betrachtung des Einzelfalls. Das Werk an sich gibt lediglich Auszüge aus dem Erfahrungshorizont der Autoren wieder.

3.1 IT-Strategie

3.1.1 Mission-Vision-Values

Im besten Fall existiert eine dokumentierte IT-Strategie, die an der Unternehmensstrategie ausgerichtet ist. Idealerweise leitet sich die IT-Strategie aus den Mission-Vision-Values-Statements (MVV) des Unternehmens ab (Abb. 3.1). Die Strategie ergibt sich aus dem eigentlichen Auftrag der IT (Mission), dem Leitbild (Values) und der Zielvorstellung (Vision). Den Weg zum Ziel unter Berücksichtigung des Auftrags stellt die Strategie dar.

IT-Mission

Eine IT-Mission ist eine Beschreibung des Zwecks der IT-Funktion im Unternehmen, also dem Grund, warum es die IT-Funktion überhaupt gibt. Die Mission ist kurz gesagt der eigentliche Gesamtauftrag, den die IT im Unternehmen hat.

IT-Vision

Eine Vision ist die motivierende, positiv-formulierte Vorstellung des Zustandes, der erreicht werden soll. Mit einer Vision wird eine Richtung angegeben. Eine IT-Vision könnte z. B. ein vollkommen automatisierte und autonome Systemlandschaft, selbstwartende Schnittstellen und eine 100 %-ige Zufriedenheit der Anwender sein.

IT Values

Die „Values“ beschreiben ethische Werte, an denen sich die IT-Organisation ausrichten soll. Die Werte sind z. B. Integrität, Verlässlichkeit, Verantwortlichkeit, Zusammenarbeit etc. Aus den Werten wird ein Verhaltenskodex, der als Leitbild für alle Mitarbeiter dient, gewonnen.

Abb. 3.1 Mission-Vision-Values-Statement als Basis für die Festlegung einer Strategie

3.1.2 Ableitung der IT-Strategie aus MVV

Ist die vorangestellte Übung (Kapitel 3.1.1) abgeschlossen und sind Mission, Vision und Values definiert, kann eine passende IT-Strategie abgeleitet werden.

Die IT-Strategie ist die Wegbeschreibung, wie die IT unter Wahrung ihrer täglichen Aufgaben (Mission) und des Leitbilds (Values) die Zielvorstellung (Vision) erreichen kann und welche messbaren Zwischenetappen sie auf diesem Weg zu erreichen hat. Die IT-Strategie operationalisiert die Vision und bricht diese in messbare Teilziele herunter, deren Erreichung den Erfüllungsgrad der IT-Vision Schritt für Schritt erhöhen.

Am Beispiel eines Unternehmens in der Automotive-Branche könnte sich die Strategie aus der Zielvorstellung (Vision) schlanke Geschäftsprozesse, modulare IT-Systeme unter Verwendung von Cloudservices und der Vereinheitlichung der IT-Infrastruktur ergeben (Abb. 3.2).[10]

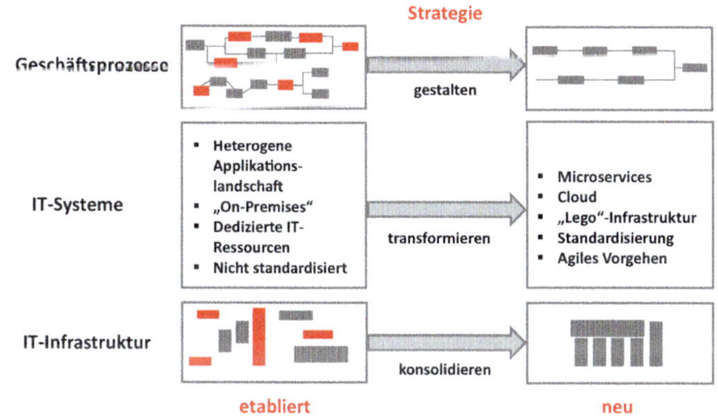

Abb. 3.2 IT-Strategie in den Dimensionen Geschäftsprozesse, IT-Systeme und IT-Infrastruktur

Risiken aus der IT-Strategie ergeben sich in den Fällen, in denen die IT-Strategie gegensätzlich zur IT-Strategie des Käufers ausgerichtet ist. Ein Beispiel hierfür könnte sein, dass sich der Käufer strategisch auf Outsourcing und Cloud Computing festgelegt hat, die Strategie des gekauften Unternehmens aber komplett auf Eigenbetrieb ausgerichtet ist. In diesen Fällen sind laufende IT-Projekte des zu kaufenden Unternehmens zu stoppen. Es entstehen „Sunk Costs".

10 Vgl. Winkelhake (2017), Die digitale Transformation der Automobilbranche, S. 247.

Synergien ergeben sich, wenn die MVV-Statements sehr ähnlich und die daraus abgeleiteten Strategien in großen Teilen deckungsgleich sind. Mit einer gemeinsamen Strategie können IT-Projekte über die Unternehmensgrenze einheitlich durchgeführt werden. Die daraus entstehenden Kostenvorteile erhöhen den Wert der Summe aus beiden Unternehmen.

3.1.3 Tabellarische Zusammenfassung: Risiken und Synergien

Die angeführte Tabelle gibt exemplarisch typisierte Risiken und Synergien wieder:

Nr.	IT-Strategie	Risiken	Synergien
1	Gegensätzliche Zielvorstellungen (MVV-Statement) und keine einheitliche Strategie	Laufende IT-Projekte müssten nach Erwerb gestoppt werden.	
2	Ähnliche Zielvorstellung (MVV-Statements) und einheitliche Strategie		Projekte können gemeinsam durchgeführt werden. Synergien durch gemeinsame Projektmitarbeiter und Dienstleister

Tab. 3.1 IT-Strategie

3.2 IT-Kosten

International werden IT-Ausgaben (sowie alle Ausgaben) in „Operational Expenditure“ (OpEx) und „Capital Expenditure“ (CapEx) unterschieden. Ersteres sind IT-Kosten im eigentlichen Sinne. CapEx sind Investitionen, die sich erst durch Abschreibungen erfolgswirksam niederschlagen. Die OpEx enthalten nicht die Personalkosten für IT-Mitarbeiter. Diese diskutieren wir deshalb auch getrennt.

Idealerweise dient eine Kostenrechnung dazu, Transparenz in die IT-Kosten zu bekommen. Sehr oft gibt es eine Kostenstelle „EDV“ oder „IT“, in der sich die Kostenelemente analysieren lassen.

In Studien werden die IT-Ausgaben zu Benchmark-Zwecken gerne ins Verhältnis zum Gesamtumsatz gesetzt. Die IT-Ausgaben im Verhältnis zum Gesamtumsatz bewegen sich im Durchschnitt über alle Branchen in den letzten Jahren zwischen 2 % und 3 %, wobei es in einzelnen Branchen (z. B. Finanzsektor) deutlich höher ausfallen kann (Abb. 3.3). Auffällig wäre in jedem Fall eine unternehmensspezifische Kennzahl, die deutlich über dem Durchschnitt liegt (z. B. 8 %) oder deutlich drunter liegt (z. B. 1 %), insb., wenn dies über Jahre hinweg der Fall ist. Liegen die IT-Ausgaben über mehrere Jahre deutlich über dem genannten Durchschnitt, könnte dies auf eine sehr wartungsintensive, veraltete IT-Systemlandschaft mit vielen Schnittstellen sowie hohe Lizenz- und Wartungskosten deuten. Dies mag zunächst nachteilig klingen, birgt aber auch Verbesserungspotenziale (Systemharmonisierungen und Infrastrukturvereinfachung), die sich durch künftige Kosteneinsparungen positiv auf den Unternehmenswert auswirken können.

Im gegebenen Fall, dass die Kennzahl der IT-Ausgaben zum Umsatz deutlich unter dem Durchschnittswert liegt, könnte dies einerseits auf eine sehr effiziente und schlank aufgestellte IT hinweisen. Andererseits könnte es auch sein, dass der IT-Bereich über Jahre hinweg auf Sparflamme betrieben wurde, Wartungsverträge gekündigt wurden und die gesamte IT-Infrastruktur deshalb veraltet ist. Es ist möglicherweise ein Investitions- und Ausgabenrückstand entstanden, der in den nächsten Jahren aufgeholt werden muss. Zudem besteht das Risiko, dass Systeme, die nicht ordnungsgemäß gewartet und aktualisiert werden, öfters ausfallen als gut gewartete Systeme. Dies kann sich auf den gesamten Geschäftsbetrieb negativ auswirken.

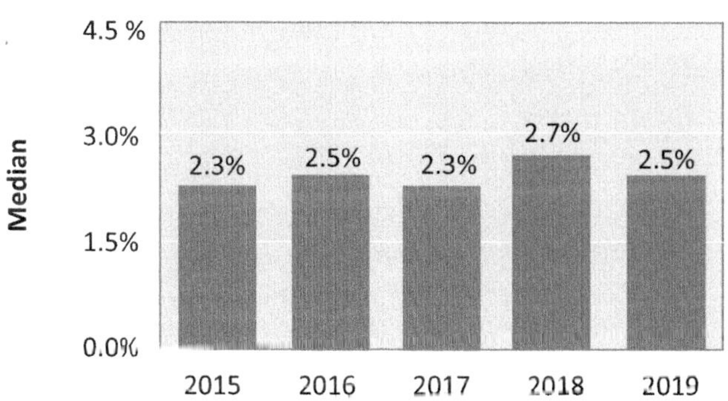

Abb. 3.3 IT-Ausgaben: Durchschnittswert über alle Branchen (Quelle: Computer Economics 2019)[11]

[11] Vgl. https://www.computereconomics.com/page.cfm?name=it-spending-and-staffing-reports-overview (zuletzt abgerufen am 30.04.2020).

3.2.1 IT-Personalaufwand

Der IT-Personalaufwand kann nur als relative Größe zum gesamten Personalaufwand betrachtet werden. Dabei kann vereinfacht die Kennzahl der IT-Mitarbeiter zu der Gesamtanzahl der Mitarbeiter herangezogen werden. Diese Kennzahl bewegt sich laut empirischen Studien zwischen 5,5 % (bei Unternehmen mit weniger als 500 Mitarbeitern) und 2,5 % (bei Unternehmen mit mehr als 10.000 Mitarbeitern).[12] Dabei spielt die Branche als auch das Verhältnis von ausgelagerten und eigenbetrieben Systemen eine Rolle für diese Kennzahl.

Auch hier sind auffällige Abweichungen vom Erwartungswert (also unter 2,5 % und über 5,5 %) zu analysieren. Eine personell zu gut ausgestattete IT-Abteilung hat – auch ohne dem Verschmelzungsgedanken nachzukommen – die Chance, einzelne Mitarbeiter gegen die Zahlung einer Abfindung freizusetzen. Eine unterbesetzte IT-Abteilung hingegen birgt das Risiko, dass auftretende Probleme nicht schnell genug behoben werden können. Charakteristisch für unterbesetzte IT-Abteilungen sind lange Antwortzeiten oder gar Systemausfälle.

3.2.2 Laufender IT-Aufwand

Der laufende IT-Aufwand („IT-Erhaltungsaufwand") setzt sich im Wesentlichen zusammen aus Lizenz- und Wartungskosten, Kosten für IT-Dienstleister, Beratungskosten, Kommunikationskosten sowie ggf. Aufwendungen aus Leasinggeräten (z. B. Drucker und Notebooks) und sonstige Arbeitsmittel.

Der laufende IT-Aufwand dürfte sich in der Regel über Jahre hinweg relativ konstant verteilen. Ausreißern in den letzten Jahren ist nachzugehen. Es könnte sich bei Ausreißern um die Behebung von Datenpannen, Abwehr von Hackerangriffen oder Ähnliches handeln. Ein Grund für außergewöhnlich hohe Kosten in einem Jahr könnte sich auf Aufwendungen für IT-Zertifizierungen (z. B. ISO 27001) beziehen, die bei Erstzertifizierung aufgrund eines Beratungsprojekts regelmäßig kostentechnisch deutlich höher ausfallen als in den Folgejahren.

12 Vgl. https://www.workforce.com/news/ratio-of-it-staff-to-employees (zuletzt abgerufen am 30.04.2020).

3.2.3 IT-Investitionen

Investitionen sind zunächst Ausgaben und keine Kosten. Die Kosten- und damit Ergebniskomponente kommt erst durch ratierliche Abschreibungen der Anschaffungskosten zustande. IT-Investitionen betreffen die Ausstattung des Server-Raums und die Anschaffung von Soft- und Hardware. IT-Endgeräte (Clients), wie Laptops und Desktops, können auch „geleast" werden und können nach HGB und Steuerrecht je nach Vertragsmodalitäten auch unter laufenden IT-Aufwand fallen. Große Investitionen betreffen z. B. die Ablösung eines alten Storage-Systems durch ein neues Storage-System. Je nach Speichergröße und Technologie (z. B. SSD-Speichereinheiten) kann die Anschaffung eines Storage-Systems mehrere Hunderttausend Euro betragen. Auch neue Server-Einheiten summieren sich schnell auf mehre Zigtausend Euro, insb. dann, wenn die Geräte redundant („mehrfach") angeschafft werden, um im Parallelbetrieb die Verfügbarkeit zu erhöhen.

Investitionen schlagen sich im Anlagenspiegel nieder. Ein Blick in die Anlagenspiegel der letzten drei Jahre gibt ein gutes Bild über die Investitionstätigkeiten in Informationstechnologie. Wurden über mehrere Jahre Investitionen ausgesetzt (Investitionsstau oder Rückstand), ist in naher Zukunft mit erhöhten Investitionen zu rechnen (Investitionsstau). IT-Investitionen stellen regelmäßig eine hohe finanzielle Belastung dar und müssen in vielen Fällen finanziert werden. Dies kann den Unternehmenswert und damit den Kaufpreis des zu beurteilenden Unternehmens negativ beeinflussen.

3.2.4 Tabellarische Zusammenfassung: Risiken und Synergien

Die angeführte Tabelle gibt exemplarisch typisierte Risiken und Synergien wieder:

Nr.	IT-Kosten	Risiken	Synergien
1	IT-Ausgaben (insgesamt)	Eine Indikation für Risiken kann sich an einer Abweichung der Kennzahl „IT-Ausgaben zum Umsatz" ergeben. Zu hohe Ausgaben können auf eine ineffiziente, heterogene Systemlandschaft mit vielen Einzelverträgen und hohen Wartungskosten hinweisen. Zu niedrige Ausgaben können sich aus einem Investitions- und Wartungsrückstand ergeben. Dabei könnte es sich um eine veraltete IT-Infrastruktur handeln.	Eine Analyse hoher IT-Ausgaben kann Verbesserungspotenziale aufdecken. Eine Migration auf eine effizientere IT-Systemlandschaft (z. B. die des Käufers) kann Kosteneinsparpotenziale heben.
2	IT-Personalaufwand	Zu hoher IT-Personalaufwand kann über eine Überbesetzung und schlechte Aufgabenaufteilung in der IT-Organisation hindeuten. Zu geringer Personalaufwand erhöht das Risiko von Wartezeiten der Anwender und Systemausfällen.	Bei einer Überbesetzung der IT-Organisation könnten Mitarbeiter freigesetzt werden.
3	Laufender IT-Aufwand	Ein über einen Zeitraum von mehreren Jahren schwankender IT-Aufwand kann sich auf Sonderfälle zurückführen lassen. Problematisch und damit risikobehaftet wären insb. Cyber-Security- oder Datenschutzverletzungen.	Ein höherer IT-Aufwand aufgrund einer Erstzertifizierung (z. B. ISO27k) kann positiv gesehen werden. In den Folgejahren kann von einem Rückgang des laufenden IT-Aufwands gerechnet werden.
4	IT-Investitionen	Rückläufige oder unterlassene IT-Investitionen müssen nachgeholt werden. Daraus ergibt sich ein IT-Ausgabenrisiko.	Kürzlich getätigte Investitionen können sich positiv auf den laufenden IT-Aufwand auswirken (Anschaffung einer neuen integrierten Unternehmenssoftware, die eine Vielzahl von Altsystemen ablöst).

Tab. 3.2 IT-Kosten: Risiken und Synergien

3.3 IT Organisation

Die IT-Organisation ist so auszurichten, dass sie die IT-Strategie (Kapitel 3.1) bestmöglich unterstützt. In diesem Kapitel diskutieren wir die IT-Aufbauorganisation, die Aufgaben der IT und die Ausstattung der

IT-Organisation mit Mitarbeitern. Die Ablauforganisation wird im Kapitel IT Policies, Procedures und -Prozesse diskutiert.

3.3.1 Aufbauorganisation

Die Steuerung der IT-Funktion sollte ganz oben in der Organisation angesiedelt sein. Idealerweise gibt es einen Geschäftsführer oder einen Vorstand, der das Ressort IT verantwortet. In den letzten Jahren ist die Rolles des Chief Digital Officers (CDO) entstanden, der den Chief Information Officer (CIO) ersetzt oder in einer Koexistenz die digitale Transformation vorantreibt, während der CIO den IT-Betrieb sicherstellt.

Eine IT-Abteilung ist auch in kleinen und mittleren Unternehmen (KMU) mindestens in zwei bzw. drei Bereiche aufgeteilt, da ein sachgerechter Betrieb eine funktionale Trennung zwischen der IT-Infrastruktur-Kompetenz und Applikationsbetreuungskompetenz benötigt. Sehr oft werden diese Bereiche durch einen Service Desk ergänzt (siehe Abb. 3.4).

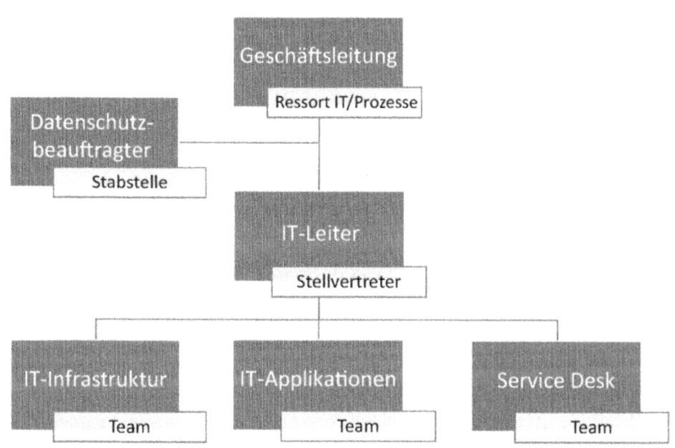

Abb. 3.4 Typisiertes IT-Organigramm

Der Service Desk hat die Aufgabe, eingehende Anfragen (idealerweise Tickets eines Ticketsystems) zu bearbeiten (First Level Support) oder an Kollegen der Infrastruktur- und Applikationsbetreuung weiterzugeben (Second Level und Third Level Support).

Das IT-Infrastruktur-Team kümmert sich um den Server-Raum, das Netzwerk (inkl. Netzwerkkomponente wie Router und Switche), Firewall, Betriebssysteme, Virenschutz, Server und Server-Administration inkl. der Virtualisierungssoftware und Datenbanken. Die Mitarbeiter der IT-Infrastruktur sind Experten in Netzwerken, Betriebssystemen, Hardwaresystemen und Datenbanken und haben meist einen reinen Informatik-Background (z. B. Master of Computer Science, Dipl.-Informatiker). Sehr oft werden sie für spezielle Infrastrukturkomponente fortgebildet und qualifizieren sich mit professionellen Zertifizierungen der Netzwerk- und Hardwareausstatter (z. B. CISCO Certified Network Professional – CCNP). Die Mitarbeiter arbeiten regelmäßig eng mit der Betriebs- und Gebäudetechnik zusammen.

Bis auf den Internetanschluss und das lokale Netzwerk kann die IT-Infrastruktur heutzutage relativ unkompliziert ausgelagert werden. Lösungen, wie z. B. die Azure Cloud von Microsoft (Infrastructure as a Service – IaaS), machen dies möglich.

Das IT-Applikationsteam betreut die Anwendungssoftware des Unternehmens. Darunter fällt insb. die Betreuung des ERP-Systems, Vorsysteme wie Warenwirtschaft, Webshops und Schnittstellen zwischen den Systemen. Sehr oft betreut das Team auch allgemeine Bürosoftware, wie MS-Office-Produkte (Excel, Word, PowerPoint …) und Business-Intelligence-Lösungen. Die Mitarbeiter der Applikationsbetreuung sind fachlich versiert in Unternehmenssoftware. Meist sind sie für das eingesetzte ERP-System geschult und haben Beratererfahrung (z. B. SAP).

Die Betreuung der IT-Applikationen kann teilweise oder auch vollumfänglich ausgelagert sein. Wenn ein IT-Dienstleister übernimmt, spricht man im Falle von Applikationsbetreuung von „Managed Services".

Service-Desk-Mitarbeiter bedürfen keiner besonderen IT-Qualifizierung. Am Service Desk können auch unerfahrene Mitarbeiter arbeiten. Ihre Aufgabe ist es, einfache und wiederkehrende Sachverhalte selbst zu lösen und bei Infrastruktur-, Hardware- und Applikationsproblemen die Anfrage an das jeweilige Team weiterzuleiten.

Eine funktionale Trennung der Teams ist sowohl aus Kompetenzgründen (Spezialisierung) als auch Risikogründen (Funktionstrennung) nötig. Während die IT-Infrastruktur-Mitarbeiter Admin-Konten auf Server und Netzwerk- und IT-Sicherheitssoftware besitzen, haben die Applikationsbetreuer Admin-Konten auf Applikationsebene. Keiner sollte nach dem „Need-to-know-Prinzip“ für alle Systeme auf Netzwerk, Betriebssystem, Datenbank und Applikationsebene vollen Zugriff haben.

3.3.2 IT-Mitarbeiter

Qualifikation und Erfahrung zeichnen die Qualität eines IT-Mitarbeiters aus. Dabei sollte der Mitarbeiter für seine Qualifikation und Erfahrung entsprechend eingesetzt werden. Ein ERP-Spezialist ist sicherlich nicht so wertvoll, wenn er im Bereich der IT-Intrastruktur und der Netzwerktechnik eingesetzt wird.

Für die verschiedenen Einsatzgebiete in einer IT-Abteilung werden verschiedene Skill-Sets von Mitarbeitern benötigt. Außenstehende sehen IT-Mitarbeiter („IT-ler“) als einen Angestellten, der Informatik oder Wirtschaftsinformatik studiert hat und IT betreibt. Hinter den Kulissen einer IT-Abteilung sind die Aufgaben aufgeteilt und es werden verschiedene Kompetenzen benötigt. Eines haben die IT-Mitarbeiter aber in den Regelfall gemeinsam: ein Studium der Informatik oder Wirtschaftsinformatik oder eine Ausbildung zum Netzwerktechniker, Fachinformatiker oder Informatikkaufmann. In Ausnahmen finden sich in den IT-Abteilungen auch naturwissenschaftlich ausgebildete Mitarbeiter (z. B. Dipl.-Physiker oder Dipl.-Chemiker) oder sehr IT-affine Betriebswirte.

Neben der aufgeführten Grundausbildung bedarf es einer regelmäßigen Fortbildung und in größeren Organisationen einer Spezialisierung. Die nachfolgende Tabelle gibt Einblick in die typischen Rollen in einer IT-Abteilung, der benötigten Grundausbildung und dem erweiterten Spezialwissen.

Rolle	Grundausbildung	Spezialwissen
IT-Administrator	Studium der Informatik oder abgeschlossene Ausbildung im IT-Bereich (z. B. Fachinformatiker)	Windows Server 2008–2019 und Linux Server Virtualisierungssoftware (z. B. VMware) Backup-Software (z. B. Veeam)

Rolle	Grundausbildung	Spezialwissen
IT-Netzwerk-Techniker	Studium der Informatik oder abgeschlossene Ausbildung im IT-Bereich (z. B. Netzwerktechniker)	Konfiguration und Betrieb von Netzwerk-Management, -überwachung, -dokumentation und Entstörung Konfiguration und Betrieb von Router- und Switching-Systemen Konfiguration und Betrieb von Access-Technik auf Basis von Kupfer und Glasfaser Zertifizierung (z. B. Certified Cisco Network Administrator – CCNA)
IT-Datenbank-Administrator	Studium der Informatik oder abgeschlossene Ausbildung im IT-Bereich (z. B. Fachinformatiker)	Planung, Design, Erstellung und Programmierung von Datenbanksystemen Administration relationaler Datenbanksysteme (z. B. Oracle, MS SQL und PostGres) und dokumentenorientierte NoSQL-Datenbanken (z. B. MongoDB)
ERP-Spezialist	Studium der Wirtschaftsinformatik oder Betriebswirtschaftslehre mit entsprechenden Qualifikationsnachweisen	z. B. SAP-Spezialist mit Erfahrung und Qualifikationsnachweise zu – SAP S/4 HANA-Basisbetreuung – SAP-Modulen FI/CO – SAP-Einführungsprojekten
IT-Software-Entwickler	Studium der Informatik oder abgeschlossene Ausbildung im IT-Bereich (z. B. Fachinformatiker)	z. B. Entwicklung von Web- und Backend-Anwendungen Web-Programmiersprachen und Frameworks (HTML, XML, JavaScript, CSS, JavaEE)

Tab. 3.3 IT-Rollen und Qualifikationen

Über die oben aufgeführten Rollen hinaus gibt es regelmäßig auch Business-Intelligence-Spezialisten, die sehr eng mit den Datenbankadministratoren und den ERP-Spezialisten zusammenarbeiten und nicht selten in der IT-Abteilung selbst, sondern im Controlling oder im Vertrieb organisatorisch untergebracht sind. In sehr großen IT-Organisationen, in der selbst auch Software entwickelt wird, kann man auch die Rolle des IT-Projektmanagers antreffen.

Idealerweise werden die einzelnen Rollen und Kompetenzfelder mit jeweils zwei Mitarbeitern besetzt. Dies stellt eine Vertretung bei Abwesenheit (Krankheit oder Urlaub) sicher. Für das Verständnis der Organisation ist es empfehlenswert, die Liste aller IT-Mitarbeiter mit den derzeitigen Rollen, Kompetenzen und Erfahrungsjahre zu ergänzen.

	IT-Mitarbeiter	Rolle	Kompetenzen	Erfahrungsjahre
1	Hans Müller	IT-Administrator Vertreter: Datenbanken	Dipl.-Informatiker Windows Server 2012 + 2019 MS SQL Datenbanken	10 Jahre
2	Peter Maier	Datenbankadministrator Vertreter: Netzwerktechnik	Dipl.-Informatiker #MS SQL, Oracle, Mongo DB Konfiguration von Router und Switches, Firewall	15 Jahre
3	...	...	...	...

Tab. 3.4 Aufnahme der IT-Mitarbeiter

Ein aus dem Deal anbahnender Abgang eines Mitarbeiters in einer Schlüsselposition ist rechtzeitig wiederzubesetzen, um das spezielle Wissen im Kontext des Unternehmens zu erhalten.

Im Rahmen einer „Merger Due Diligence“ dienen die Rollen und Kompetenzfelder der Mitarbeiter, um zu verstehen, welche Mitarbeiter im Rahmen eines Sozialplans abgebaut werden könnten.

3.3.3 Tabellarische Zusammenfassung: Risiken und Synergien

Die angeführte Tabelle gibt exemplarisch typisierte Risiken und Synergien wieder:

	Element IT-Organisation	Beispielhafte Risiken	Beispielhafte Synergien/Chancen
1	IT-Organisation	Die Steuerung der IT ist nicht in der Unternehmensführung angebracht. Die IT-Organisation ist nicht an der IT-Strategie ausgerichtet.	
2	IT-Ablauforganisation	Mangelnde Funktionstrennung Keine Vertreterregelungen	

	Element IT-Organisation	Beispielhafte Risiken	Beispielhafte Synergien/Chancen
3	IT-Mitarbeiter	Mitarbeiter sind Quereinsteiger aus anderen Fachbereichen, fehlende Qualifikationen Lücken im Wissenstransfer aufgrund hoher Fluktuation der letzten Jahre Know-how-Verlust durch Abgang von Schlüsselpositionen und Leistungsträgern	Personalkosteneinsparung bei einem Unternehmenszusammenschluss und Integration der IT-Abteilung Spezialisierungsmöglichkeiten Erhöhte Mitarbeiterzahl erlaubt Insourcing von Aktivitäten, Kosteneinsparung bei IT-Dienstleistungen

Tab. 3.5 IT-Organisation: Risiken und Synergien

3.4 IT Policies, Procedures und -Prozesse

Das Thema „IT Policies, Procedures und -Prozesse“ kann auch unter dem Begriff „IT Governance, Risk & Compliance (IT-GRC)“ subsummiert werden. Unter IT-GRC fällt das gesamte IT-Regelwerk eines Unternehmens. Die im Unternehmen vorhandenen Regelungen sind typischerweise hierarchisch aufgebaut. „Policies“ (Richtlinien) sind das oberste Element der Hierarchie. Darunter kommen die Prozessbeschreibungen (Procedures) und ganz unten die konkreten Arbeitsanweisungen „Procedures“ (Abb. 3.5).[13]

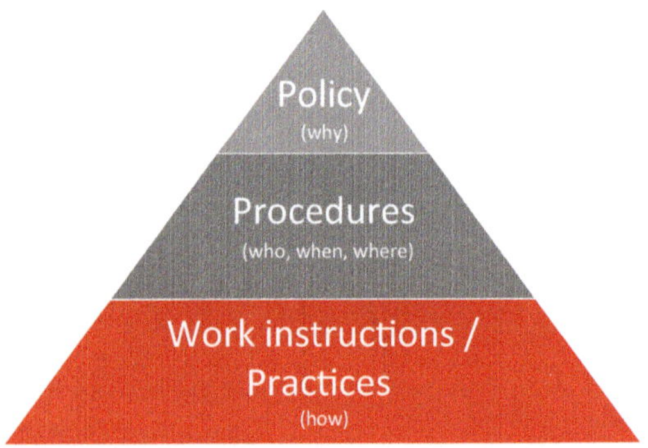

Abb. 3.5 IT-GRC-Dokumentenhierarchie

[13] Vgl. https://totalqualitymanagement.files.wordpress.com/2009/02/the-documentation-pyramid.png (zuletzt abgerufen am 10.03.2020).

In diesem Kapitel gehen wir auf die Dokumentation des IT-Regelwerks in Form von Richtlinien und Arbeitsanweisungen (IT Policies & Procedures) und die Ausgestaltung der IT-Prozesse ein.

3.4.1 IT Policies & Procedures

IT Policies & Procedures stellen die Summe aller Richtlinien und Arbeitsanweisungen dar, an die sich sowohl IT-Mitarbeiter als auch „End-User“ (und damit alle Mitarbeiter) halten. Zu erwarten ist in jedem Fall eine IT-Sicherheitsrichtlinie, die für ein angemessenes Sicherheitsniveau bzgl. der IT-Sicherheitsziele Vertraulichkeit, Integrität und Verfügbarkeit sorgen soll.

Neben einer IT-Sicherheitsrichtlinie sollte auch immer eine Risiko-Management-Richtlinie existieren, die auch IT-Risiken umfasst. Weitere Richtlinien betreffen die Vergabe von Zugriffsrechten (Berechtigungskonzept) und Anweisungen zum Datensicherungsverfahren (Data-Backup) sowie eine Richtlinie zum Änderungsverfahren (Change Management) und zur betrieblichen Kontinuität (Business Continuity) in Notfällen und eine Anweisung zur Wiederherstellung des Regelbetriebs (Wiederanlaufplan). Das Genannte wäre sicherlich eine Mindestausstattung an Richtlinien und Arbeitsanweisungen. Bei Organisationen, die ISO 27001-zertifiziert sind und ein angemessenes und wirksames ISMS betreiben, finden sich weitaus mehr Dokumente. In der folgenden Abbildung (Abb. 3.6) finden Sie eine Aufstellung typischer Dokumente ISO27k-zertifizierter Organisationen.[14]

[14] Vgl. https://advisera.com/27001academy/de/knowledgebase/liste-obligatorisch-erforderlicher-dokumente-fur-iso-27001-2013-uberarbeitung/ (zuletzt abgerufen am 31.03.2020).

Richtlinien und Arbeitsanweisungen

- Informationssicherheitsrichtlinie
- Sicherheitsrichtlinie für Dienstleister
- (IT-)Risikomanagementrichtlinie
- Betriebshandbuch für Serverraum
- Incident-Management-Richtlinie
- Change-Management-Richtlinie
- Richtlinie zur Vergabe von Zugriffsrechten (Berechtigungskonzept)
- Backup-Richtlinie (Datensicherungskonzept)
- Clean-Desk- und Clear-Screen-Richtlinie
- Richtlinie zum Notfallbetrieb und Wiederanlaufplan
- Richtlinie für Mobilgeräte
- Richtlinie für mobiles Arbeiten
- Richtlinie zur Informationsklassifizierung
- Richtlinie für Entsorgung und Vernichtung
- Richtlinie zum Datenaustausch und Verschlüsselung

Sonstige Aufzeichnungen und Dokumente

- Verzeichnis der Hardware, Software und IT-Ausstattung
- Dokumentation von Rollen und Verantwortlichkeiten
- Aufzeichnungen über Schulungen, Fähigkeiten, Erfahrung und Qualifikationen
- Dokumentation der Sicherheitsbereiche
- Überwachungs- und Messergebnisse
- Internes Audit-Programm
- Ergebnisse interner Audits
- Ergebnisse aus Managementbewertungen
- Protokolle über Anwenderaktivitäten, Ausnahmen und Sicherheitsereignisse
- Übungs- und Testplan
- Wartungs- und Überprüfungsplan
- Gesetzliche, behördliche und vertragliche Anforderungen
- Datenschutzkonzept inkl. technischer und organisatorischer Maßnahmen

Abb. 3.6 Typische Richtlinien, Arbeitsanweisungen und sonstige Dokumente

Risiken ergeben sich bei mangelhafter Ausgestaltung von Richtlinien und Arbeitsanweisungen.

Fehlende Dokumentationen oder obsolete, veraltete Richtlinien und Arbeitsanweisungen haben einen nur sehr eingeschränkten Verbindlichkeitsgrad für Mitarbeiter. Es kann davon ausgegangen werden, dass Mitarbeiter sich nicht an veraltete, nicht jährlich kommunizierte Anweisungen halten bzw. aufgrund der veralteten Darstellung nicht vollumfänglich daran halten können. Darüber hinaus kann das Fehlen von Arbeitsanweisungen auch arbeitsrechtliche Nachteile für das Unternehmen mit sich führen.

Bei Unternehmenszusammenschlüssen entfällt die doppelte Pflege von in beiden Einheiten geführten Dokumenten. Hier ergibt sich eine administrative Dokumentationsentlastung.

3.4.2 IT-Prozesse

IT-Prozesse sind Elemente der Ablauforganisation. Es gibt ein anerkanntes Prozessmodell für IT-Prozesse, das weltweit als Best Practice gesehen wird. Hierbei handelt es sich um „ITIL" (IT Infrastructure Library). ITIL ist ein Kompendium vordefinierter Prozesse, Funktionen und Rollen für den Betrieb einer IT-Organisation. Große Organisationen übernehmen die ITIL-Prozesse nahezu vollständig, während kleine Organisationen zumindest einzelne Prozesse in abgespeckter Form übernehmen. ITIL in der Edition v4 (ITILv4) besteht aus 37 Management-Praktiken, nach denen die Abläufe in einer IT-Organisation ausgerichtet werden können (siehe Abb. 3.7).[15]

Allgemeine Management-Praktiken	Service-Management-Praktiken	Technische Management-Praktiken
1. Strategy management	1. Business analysis	1. Deployment management
2. Portfolio management	2. Service catalogue management	2. Infrastructure and platform management
3. Architecture management	3. Service design	3. Software development and management
4. Service financial management	4. Service level management	
5. Workforce and talent management	5. Availability management	
6. Continual improvement	6. Capacity & performance management	
7. Measurement and reporting	7. Service continuity management	
8. Risk management	8. Monitoring & event management	
9. Information security management	9. Service desk	
10. Knowledge management	10. Incident management	
11. Organizational change management	11. Service request management	
12. Project management	12. Problem management	
13. Relationship management	13. Release management	
14. Supplier management	14. Change enablement	
	15. Service validation % testing	
	16. Service configuration management	
	17. IT asset management	

Abb. 3.7 ITIL4: 37 Management-Praktiken

Die wichtigsten Prozesse, die auch bei kleineren Organisationen gelebt werden, sind:

- Change Management (Änderungs-Management),
- Incident Management (Störungsbeseitigungs-Management),
- Berechtigungsvergabeverfahren,
- Datensicherungs- und Auslagerungsverfahren,
- Notfallplan (Disaster-Recovery and Business Continuity Plan).

Idealerweise wird die Interaktion der IT-Abteilung mit den Fachbereichen über ein Ticketsystem abgebildet. Alle Anfragen gelangen zu einem zentralen Helpdesk (nach ITIL „Service Desk" genannt, siehe Abb. 3.8), der die Anfragen annimmt (Ticketsystem) und diese, sofern Mitarbeiter des Helpdesks die Anfragen nicht selbst abarbeiten können (Level 1 Support), zu einem verantwortlichen IT-Fachmitarbeiter (z. B. Bereich Infrastruktur, Netzwerke) oder gar zu einem Dienstleister weiterleitet (Level 2 und Level 3 Support). In den Tickets werden die Wichtigkeit und Dringlichkeit der Anfragen hinterlegt.

[15] Vgl. https://wiki.de.it-processmaps.com/index.php/ITIL_4 (zuletzt abgerufen am 30.04.2020).

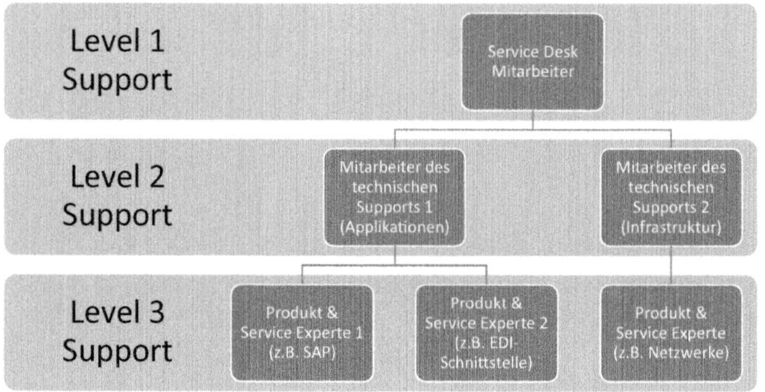

Abb. 3.8 Support Levels des Service Desks[16]

Der Service Desk hat besondere Anforderungen an die Weiterleitung der Tickets (Anfragen) und an die Fähigkeiten des Fachpersonals. Die angefügte Tabelle stellt die benötigen Fähigkeiten auf den verschiedenen Support-Stufen dar:

IT-Support	Funktion	Methodik der Unterstützung	Personalbedarf
Stufe 1	Annahme von Anfragen/grundlegende Bereitstellung der Help-Desk-Funktion	Lösungen bei einfachen, wiederkehrenden Anwendungsproblemen	Einfach ausgebildeter Mitarbeiter, Personal, das geschult ist, bekannte Probleme zu lösen und Serviceanfragen zu erfüllen, indem es Skripte befolgt
Stufe 2	Umfassende technische Unterstützung	Erfahrene und sachkundige Fachanwender beurteilen Probleme und bieten Lösungen für Probleme an, die nicht in der Stufe 1 behandelt werden konnten	Gut ausgebildete Mitarbeiter mit fundierten Kenntnissen über Produkte und Dienstleistungen (Software und Hardware)

16 https://www.bmc.com/blogs/support-levels-level-1-level-2-level-3/ (zuletzt abgerufen am 02.03.2020).

IT-Support	Funktion	Methodik der Unterstützung	Personalbedarf
Stufe 3	Expertenunterstützung für Produkte und Dienstleistungen	Zugang zu technischen Ressourcen, die für die Problemlösung oder die Erstellung neuer Funktionen zur Verfügung stehen	Sehr spezialisierte Mitarbeiter oder externe Experten, besitzen Fach- und Produkt-Zertifizierungen und können Probleme notfalls durch Ausweitung des Produkts (z. B. Programmierung) lösen

Tab. 3.6 IT Support Level

Risiken ergeben sich, wenn IT-Prozesse insb. zum Change Management und der Berechtigungsvergabe nicht „end-to-end" durchdacht und definiert sind. Über die Jahre wachsen die Berechtigungen von Benutzern an. Systemänderungen werden fahrlässig direkt im Produktsystem durchgeführt und Änderungen am Standard können bei künftigen Release-Wechseln zu Problemen führen. Auch mangelhafte Prozesse der Datensicherung, Archivierung und des Notfallplans können in besonderen Fällen (z. B. bei einem Cyber-Angriff) zu längeren Ausfallzeiten und nicht wiederherstellbaren Daten und Dokumente führen.

Synergien und Chancen ergeben sich bei der Vereinheitlichung von IT-Prozessen und bei der Anwendung von Best Practices wie ITIL. Darüber hinaus ergibt sich auch die Möglichkeit, bei einer Neugestaltung IT-Kontrollen, z. B. nach dem COBIT 2019[17] Framework, zu implementieren.

3.4.3 Tabellarische Zusammenfassung: Risiken und Synergien

Die angeführte Tabelle gibt exemplarisch typisierte Risiken und Synergien wieder:

[17] COBIT ist ein international anerkanntes Framework zur IT-Governance und gliedert die Aufgaben der IT in Prozesse und Control Objectives (oft mit „Kontrollziel" übersetzt, eigentlich „Steuerungsvorgaben", in der aktuellen deutschsprachigen Version wird der Begriff nicht mehr übersetzt). COBIT definiert hierbei nicht vorrangig, wie die Anforderungen umzusetzen sind, sondern primär, was umzusetzen ist (https://www.isaca.org/resources/cobit, zuletzt abgerufen am 10.05.2020).

Nr.	Element IT-Organisation	Risiken	Synergien
1	IT Policies & Procedures	Risiken ergeben sich bei mangelhafter Ausgestaltung von Richtlinien und Arbeitsanweisungen.	Bei Unternehmenszusammenschlüssen müssen künftig die Dokumentationen nicht doppelt erstellt und gepflegt werden. Hier ergibt sich eine administrative Dokumentationsentlastung.
2	IT-Prozesse	Risiken ergeben sich, wenn IT-Prozesse, insb. zum Change Management und der Berechtigungsvergabe, nicht „end-to-end“ durchdacht und definiert sind.	Synergien und Chancen ergeben sich bei der Vereinheitlichung von IT-Prozessen und bei der Anwendung von Best Practices, wie ITIL. Darüber hinaus ergibt sich auch die Möglichkeit, bei einer Neugestaltung IT-Kontrollen, z. B. nach dem COBIT 2019 Framework, zu implementieren.

Tab. 3.7 IT Policies, Procedures und -Prozesse: Risiken und Synergien

3.5 IT-Infrastruktur

Als IT-Infrastruktur wollen wir hier die eigentliche Ausstattung des Server-Raums (Betriebstechnik) und dem physischen Netzwerk sowie Netzwerkkomponenten inkl. der Netzwerksicherheit diskutieren. Dieses Kapitel ist sicherlich das technischste Kapitel dieses Buches. Es vermittelt auch für nicht sehr technisch ausgebildete Leser Grundlagen in der Betriebs- und Netzwerktechnik.

3.5.1 Server-Raum

Zunächst bedarf es eines Raums, in welchem die physischen Server aufgestellt werden und in welchem das Leitungsnetz des Netzproviders mit dem des Unternehmens verbunden wird. Dieser Raum wird umgangssprachlich als Server-Raum bezeichnet. Handelt es sich nicht nur um einen Raum, sondern um ein eigenständiges Gebäude, wird von einem Rechenzentrum gesprochen.

Der Server-Raum ist das informationstechnische Herzstück eines Unternehmens. Im vollständigen Inhouse-Fall (d. h. keinerlei Auslagerungen von Systemen, Daten und Diensten) werden alle Daten im Server-Raum verarbeitet und alle Client-Server-Systeme dort betrieben. Dieser Raum bedarf einer besonderen Ausstattung.[18] Zunächst sollte der Zutritt zu diesem Raum auf einen beschränkten Kreis von Mitarbeitern begrenzt werden. Dies sind regelmäßig Mitarbeiter der IT und der Betriebs- und Gebäudetechnik. Da ein Ausfall von Systemen im Server-Raum einen ganzen Betrieb stilllegen kann, ist dieser Raum besonders ausgestattet.

Die Stromversorgung der Server und Netzwerkkomponenten muss auch bei einem Stromausfall zumindest für die Zeit eines ordnungsmäßigen Herunterfahrens der Systeme sichergestellt werden. Diese kurzfristige Stromversorgung wird mittels Batterien in sogenannten Geräten zur unterbrechungsfreien Stromversorgung (USV) sichergestellt. Diese sollten so ausgelegt sein, dass die Server innerhalb von 15 Minuten ordentlich heruntergefahren werden können. USV stellen keine redundante Stromversorgung dar. Wenn eine Hochverfügbarkeit der Systeme notwendig ist, kann die Stromversorgung in der Ausfallzeit über Dieselgeneratoren sichergestellt werden.

Aufgrund der konzentrierten Hardware (Server, Storage-Systeme, Netzwerkkomponente ...) kann sich ein Server-Raum zu saunaähnlichen Temperaturen erwärmen, wenn der Server-Raum nicht mit einer Klimaanlage versehen ist. Eine Ausstattung des Server-Raums mit einer Klimaanlage (idealerweise redundant ausgelegt) ist dringend notwendig, da aufgrund höherer Temperaturen die Ausfallwahrscheinlichkeit der IT-Komponente steigt sowie ein erhöhtes Brandrisiko gegeben ist.

Für einen angemessenen Brandschutz ist in einem Server-Raum ebenso zu sorgen. Brandfrüherkennung und eine vollautomatisierte Feuerlöschanlage sind Standard in einem professionell betriebenen Server-Raum oder Rechenzentrum.

Idealerweise hat der Server-Raum einen doppelten Boden (für Verkabelung), und die Hardwarekomponenten sind in dafür vorgesehene „Racks" untergebracht (siehe Abb. 3.9).

[18] Je nach Schutzbedarfskategorie (niedrig, mittel und erhöht) ergeben sich entsprechende Anforderungen an die Ausstattung eines Serverraums. Der IT-Grundschutz des BSI beschreibt unter INF.2 Basis-Anforderungen und Anforderungen bei erhöhtem Schutzbedarf, siehe https://www.bsi.bund.de/DE/Themen/ITGrundschutz/ITGrundschutzKompendium/bausteine/INF/INF 2 Rechenzentrum sowie Serverraum.html (zuletzt abgerufen am 30.03.2020).

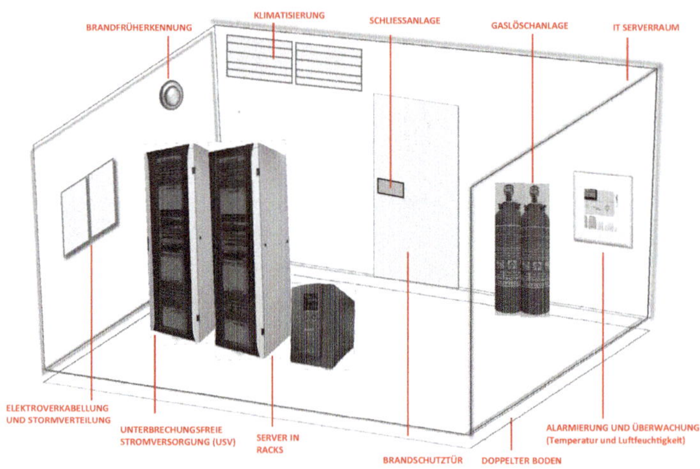

Abb. 3.9 Server-Raum mit typischer Mindestausstattung

Sind wesentliche Elemente nicht installiert, sind Ausfallrisiken gegeben sowie Investitionen zur Modernisierung und Verbesserung der IT-Infrastruktur notwendig. Synergien können sich ergeben, wenn sich im Rahmen eines angedachten Unternehmenszusammenschlusses die Server-Räume des kaufenden Unternehmen mit dem zu kaufenden Unternehmen zu einem Server-Raum zusammenführen lassen (Migration) oder der eine Server-Raum als Notfall-Server-Raum für den anderen Server-Raum dienen kann.

3.5.2 Netzwerk

Als Netzwerk bezeichnet man den Verbund mehrerer Rechner oder Rechnergruppen zum Zweck der Datenkommunikation. Ein Netzwerk kann kabelgebunden oder kabellos („wireless"), also per Funkverbindung, betrieben werden. Um eine Client-Server-Technologie umzusetzen, bedarf es eines Netzwerks.

Die Datenübertragung in einem Netzwerk zwischen einem Sender und Empfänger wird durch Kommunikationsprotokolle sichergestellt. Ein Kommunikationsprotokoll ist dabei wie eine Verpackung zu sehen, in der Daten eingepackt werden, um sie zwischen Sender und Empfänger in einem Netzwerk auszutauschen. Die Datenpakete werden dabei insgesamt siebenmal verpackt, bis sie der Empfänger siebenmal auspackt und letztendlich lesen kann (gemäß ISO/OSI-7-Schichtenmodell). Das Grundgerüst der Kommunikation wurde hardwareunabhängig entwickelt und gilt als Referenzmodell für jegliche Datenkommunikation zwischen Sender und Empfänger (siehe Abb. 3.10).

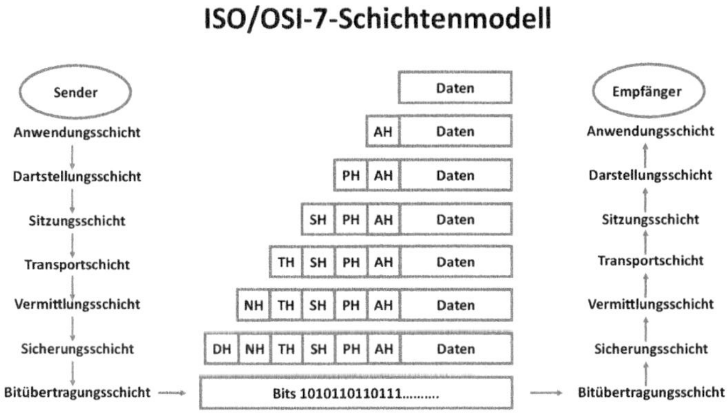

ISO/OSI-7-Schichtenmodell

Sender
Anwendungsschicht
Dartstellungsschicht
Sitzungsschicht
Transportschicht
Vermittlungsschicht
Sicherungsschicht
Bitübertragungsschicht

Daten
AH Daten
PH AH Daten
SH PH AH Daten
TH SH PH AH Daten
NH TH SH PH AH Daten
DH NH TH SH PH AH Daten
Bits 1010110110111.........

Empfänger
Anwendungsschicht
Darstellungsschicht
Sitzungsschicht
Transportschicht
Vermittlungsschicht
Sicherungsschicht
Bitübertragungsschicht

Abb. 3.10 ISO/OSI-Referenzmodell für Kommunikation in Netzwerken[19]

Die im Internet verwendeten Kommunikationsprotokolle sind TCP/IP. TCP befindet sich auf der Transportschicht und IP in der Vermittlungsschicht. Die Anwendungs-, Darstellungs- und Sitzungsschicht sind in diesen Fällen über den Browser und dem http-Protokoll gegeben.

Schicht	Name	Verwendete Protokolle
Schicht 7	Anwendung	Telnet, FTP, HTTP, SMTP, NNTP
Schicht 6	Darstellung	Telnet, FTP, HTTP, SMTP, NNTP, NetBIOS
Schicht 5	Kommunikation	Telnet, FTP, HTTP, SMTP, NNTP, NetBIOS, TFTP
Schicht 4	Transport	TCP, UDP, SPX, NetBEUI
Schicht 3	Vermittlung	IP, IPX, ICMP, T.70, T.90, X.25, NetBEUI
Schicht 2	Sicherung	LLC/MAC, X.75, V.120, ARP, HDLC, PPP
Schicht 1	Übertragung	Ethernet, Token Ring, FDDI, V.110, X.25, Frame Relay, V.90, V.34, V.24

Tab. 3.8 Kommunikationsprotokolle

19 Vgl. https://de.wikipedia.org/wiki/OSI-Modell (zuletzt abgerufen am 05.04.2020).

Das Unternehmensnetzwerk wird über einen Internetanschluss an die Außenwelt angebunden. Bis vor nicht allzu langer Zeit waren Kupferleitungen das Maß aller Dinge. Allerdings ist die Datenübertragungsrate in einer Kupferleitung mit den gegenwärtig z. B. VDSL 50 MBit/s oder VDSL2 auf 200 MBit/s limitiert.[20] Dies ist insb. für Unternehmen, deren gesamtes Geschäftsmodell (Online-Handel) von einem schnellem Internetanschluss abhängt, unbefriedigend. Deshalb gibt es seit einigen Jahren in Ballungsgebieten (der Flächenausbau ist noch nicht abgeschlossen) Glasfaserkabel. Diese erlauben Datenübertragungsraten von 1 Gbit und mehr pro Sekunde (Abb. 3.11).[21]

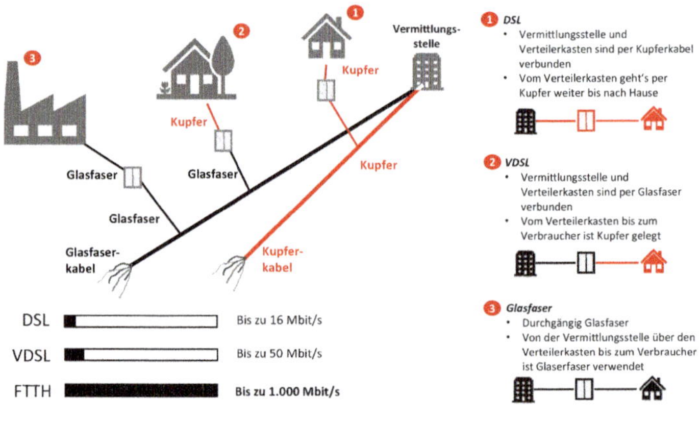

Abb. 3.11 Kupfer und Glasfaser im Vergleich

Damit die Geschwindigkeit von außen auch im Unternehmen ankommt, sollte die Verkabelung zwischen den Verteilern, Switches und Servern auch mit Glasfaser verkabelt werden. Zu den Endgeräten ist mittlerweile eine Verkabelung der Kategorie „Cat5e" oder „Cat6" Standard. Damit kann der Geschwindigkeitsgewinn über eine Glasfaseranbindung an jedes Endgerät gebracht werden. Sind nur Cat5-Kabel verlegt, sind diese auf eine Übertragungsrate von 100 MBit/s beschränkt.

[20] Die maximalen Übertragungsraten auf Kupferleitungen hängen von folgenden Faktoren ab: Kupferquerschnitt, Leitungslänge und Übertragungsverfahren.

[21] Vgl. https://www.telekom.com/de/konzern/details/der-weg-der-glasfaser-339986 (zuletzt abgerufen am 04.04.2020).

Kategorie	Übertragungsgeschwindigkeit	Frequenz	Max. Kabellänge
Cat3	10 MBit/s	16 MHz	100 m
Cat5	100 MBit/s	100 MHz	100 m
Cat5e	1 Gigabit/s	100 MHz	100 m
FastCat5e	1 Gigabit/s	350 MHz	100 m
Cat6	1 Gigabit/s	250 MHz	100 m
Cat6a	10 Gigabit/s	500 MHz	100 m
Cat7	10 Gigabit/s	600 MHz	100 m
Cat7a	100 Gigabit/s	1.000 MHz	100 m

Tab. 3.9 Kategorisierung von Netzwerkkabeln[22]

Es ist natürlich auch darauf zu achten, dass die verwendeten Netzwerkkomponenten (Switche, Router, Hubs ...) für die gewünscht hohe Übertragungsgeschwindigkeit ausgestattet sind.

Jedes Netz ist mit einer Firewall von der Außenwelt zu sichern. Sehr oft werden mehrere Firewalls eingesetzt. Insbesondere dann, wenn ein Webserver selbst betrieben ist und dieser permanent dem Internet zur Verfügung stehen soll.

Nachteile beim Unternehmenskauf ergeben sich, wenn das Unternehmen weit entfernt von der nächsten Glasfaseranbindung liegt. Die Anbindung kann in diesem Fällen sehr kostenintensiv sein und kann einige Zeit beanspruchen.

Andererseits könnte ein Unternehmen mit einer besser ausgebauten Netzwerkinfrastruktur vorteilhaft für den Käufer sein. Sofern das kaufende Unternehmen noch keine Glasfaseranbindung hat, könnte es unmittelbar von einer Glasfaserleitung profitieren. Internetintensive Anwendungen könnten über das gekaufte Unternehmen „geroutet" werden.

22 Vgl. https://www.jacob.de/p/netzwerk-guide/lan-kabel/ (zuletzt abgerufen am 04.04.2020).

3.5.3 Weitere Komponenten der Netzwerktechnik

Weitere Komponente der Netzwerktechnik sind physisch:

- Firewall (Hardware),
- Hub,
- Switch,
- Router,
- Repeater

und logisch (also nicht physisch):

- Gateway,
- Proxy,
- Load Balancer.

In der nachfolgenden Tabelle werden diese Komponenten erklärt:

Nr.	Komponente	Erklärung
1	Firewall	Eine Firewall ist eine Schutzmaßnahme gegen fremde und unberechtigte Verbindungsversuche aus dem öffentlichen (Internet) ins lokale Netzwerk. Mit einer Firewall lässt sich der kommende und gehende Datenverkehr kontrollieren, protokollieren, sperren und freigeben. Dabei ist die Firewall genau zwischen dem öffentlichen und dem lokalen Netzwerk platziert. Meist ist die Firewall Teil eines Routers. Sie kann aber auch als externe Komponente einem Router vor- oder nachgeschaltet sein.
2	Hub	Ein Hub ist ein Kopplungselement, das mehrere Hosts in einem Netzwerk miteinander verbindet (Schicht 1). In einem Ethernet-Netzwerk, das auf der Stern-Topologie basiert, dient ein Hub als Verteiler für die Datenpakete.
3	Switch	Ein Switch ist ein Kopplungselement, das mehrere Hosts in einem Netzwerk miteinander verbindet (Schicht 2). In einem Ethernet-Netzwerk, das auf der Stern-Topologie basiert dient ein Switch als Verteiler für die Datenpakete.
4	Router	Ein Router verbindet mehrere Netzwerke mit unterschiedlichen Protokollen und Architekturen (Schicht 3). Ein Router befindet sich häufig an den Außengrenzen eines Netzwerks, um es mit dem Internet oder einem anderen, größeren Netzwerk zu verbinden.

Nr.	Komponente	Erklärung
5	Repeater	Ein Repeater ist ein Kopplungselement, um die Übertragungsstrecke innerhalb von Netzwerken, z. B. Ethernet, zu verlängern (Schicht 1). Ein Repeater empfängt ein Signal und bereitet es neu auf. Danach sendet er es weiter. Auf diese Weise verlängert der Repeater die Übertragungsstrecke und räumliche Ausdehnung des Netzwerks.
6	Gateway	Ein Gateway ist ein aktiver Netzknoten, der zwei Netze miteinander verbinden kann, die physikalisch zueinander inkompatibel sind und/oder eine unterschiedliche Adressierung verwenden. Gateways koppeln die unterschiedlichsten Protokolle und Übertragungsverfahren miteinander.
7	Proxy	Ein Proxy ist ein Dienst, der als Zwischenspeicher innerhalb eines Netzwerks dient, um die Zugriffe auf immer die gleichen Daten und Dateien aus dem Speicher zu bedienen.
8	Load Balancer	Ein Load Balancer ist ein Lastverteiler, der die Antwortzeiten und Auslastung einzelner Server beurteilen und eine Anfrage von außen mit der bestmöglichen Server-Performance bedienen kann.

Tab. 3.10 Komponenten der Netzwerktechnik (vgl. www.elektronik-kompendium.de; zuletzt abgerufen am 25.06.2020)

Aus IT-Sicherheitssicht ist die Firewall (oder mehrere hintereinander geschaltete Firewalls) und deren Einstellungen (Filterregeln) die wichtigste Komponente, um sich von Angriffen von außen (einen Angreifer aus dem Internet) zu schützen. Sie trennt das lokale Netz (Intranet) vom öffentlichen Netz (Internet), wie die folgende Abbildung (Abb. 3.12) verdeutlicht.

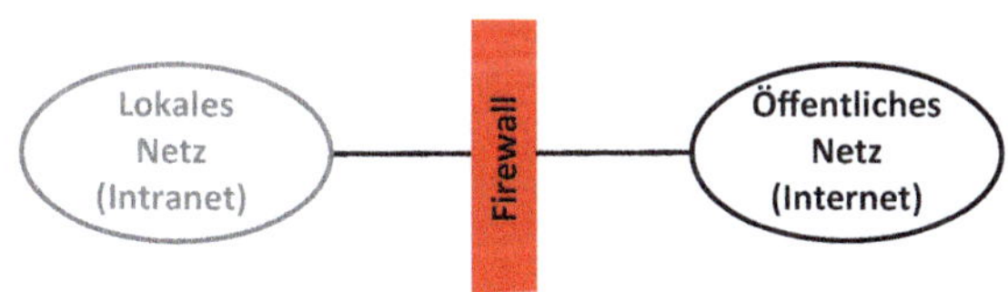

Abb. 3.12 Prinzip einer Firewall

Es gibt grundsätzlich zwei verschiedene Ansätze für Firewall-Konzepte:[23]

1. **Passiver Paketfilter mit Port und Protokoll-Filter**
   Ein Paketfilter (TCP/IP) kontrolliert die Quell- und Ziel-IP sowie die dazugehörigen Portnummern (TCP). Neben der Filterfunktion ist die Protokollierung abgelehnter Pakete für spätere Analysen wichtig.

2. **Aktives Gateway (Proxy) mit Virenscanner und Content-Filter**
   Das Gateway ist ein Proxy, der die Datenpakete der Internet-Dienste (HTTP, FTP ...) zwischenspeichert. Dadurch lässt sich eine inhaltsbezogene Filterung der Daten vornehmen.

Die Beurteilung des Netzwerks und der Sicherheit des Netzwerks im Hinblick auf Risiken können nur Netzwerk- und Sicherheitsspezialisten durchführen. Idealerweise wurde im zu beurteilenden Unternehmen bereits ein Penetrationstest, Vulnerability Scan oder ein Security Scan durchgeführt, auf dessen Ergebnisse man sich stützen kann. In jedem Fall sind Berichte zu durchgeführten Netzwerk- und Sicherheitstests im Rahmen der Anforderungsliste einzuholen. Da diese Berichte einen hohen technischen Detailgrad beinhalten und sehr sicherheitskritische Informationen enthalten, genügt es, wenn die Zusammenfassung (Management Summary) herausgegeben wird.

Hinweis:
Unter einem **Penetrationstest** versteht man die Prüfung der Sicherheit möglichst aller Systembestandteile und Anwendungen eines Netzwerks oder Softwaresystems mit Mitteln und Methoden, die ein Angreifer (umgangssprachlich: „Hacker“) anwenden würde, um unautorisiert in das System einzudringen (Penetration).[24] Ein „echter“ Penetrationstest ist ein Projekt. Er bedarf einer Zielsetzung, Vorbereitung, Planung der Testverfahren, Auswahl der notwendigen Werkzeuge und schließlich die Durchführung.

Kein Penetrationstest stellt ein **„Vulnerabilty Scan“** (Schwachstellenscan) dar. Dieser läuft weitgehend automatisiert und deckt Schwachstellen des untersuchenden Netzwerks, der verwendeten

[23] Vgl. https://www.elektronik-kompendium.de/sites/net/0803051.htm (zuletzt abgerufen am 25.04.2020).

[24] Vgl. https://de.wikipedia.org/wiki/Penetrationstest_(Informatik) (zuletzt abgerufen am 25.04.2020).

Netzwerkdienste oder einzelner Netzwerkkomponenten (z. B. Firewall) auf.

Etwas aufwendiger als ein automatisierter Vulnerabilty Scan ist ein **Security Scan**. In diesem wird zum Unterschied zu einem Schwachstellen-Scan durch die manuelle Verifikation der Testergebnisse.

Risiken ergeben sich, wenn im zu beurteilenden Unternehmen noch keine Sicherheitsanalysen (z. B. Vulnerability Scan) bzgl. möglicher Schwachstellen und Angriffen durchgeführt wurden.

Synergien können sich ergeben, wenn Netzwerke zusammengeführt und zentral verwaltet werden können (z. B. mittels MPLS[25]).

3.5.4 Tabellarische Zusammenfassung: Risiken und Synergien

Die angeführte Tabelle gibt exemplarisch typisierte Risiken und Synergien wieder:

Nr.	IT-Infrastruktur	Risiken	Synergien
1	Server-Raum	Server-Raum hat nicht die notwendige Ausstattung, um einen ordnungsgemäßen Betrieb sicherzustellen.	Zusammenführung von Server-Räumen zu einem Server-Raum Kosteneinsparungen im Betrieb
2	Netzwerk und Netzwerkkomponente	Langsamer Internetanschluss, keine Glasfasermöglichkeit Netzwerksicherheitsanalysen (z. B. Vulnerability Scan, Pentests …) wurden nie durchgeführt.	Zentrale Verwaltung des Netzwerks (über MPLS) Sicherheitseinstellungen des übernehmenden Unternehmens könnten übernommen werden.

Tab. 3.11 IT-Infrastruktur: Risiken und Synergien

3.6 IT Hardware

Aufgrund von Virtualisierungsmöglichkeiten von Hardwarekomponenten (Server, Netzwerkkomponente, Netzwerke etc. können per Software virtualisiert werden) und des Cloud Computings hat Hardware an Bedeutung verloren. Man kann heutzutage mit sehr wenig, aber dafür

25 Vgl. https://de.wikipedia.org/wiki/Multiprotocol_Label_Switching (zuletzt abgerufen am 20.04.2020).

sehr performanter Hardware auf wenig Fläche sehr viel erreichen. Marc Andreessen (Gründer eines der ersten Webbrowser „Netscape") hat dies in einem Artikel „Why Software is eating the world" auf den Punkt gebracht.[26] Er will damit sagen, dass Software Hardware nach und nach ersetzt. Beispiel Smartphone. Das Smartphone ersetzt ein ganzes Büro der Neunziger. Während auf einem Büroarbeitsplatz der Neunziger ein Desktop-PC, Tischkalender, Scanner, Diktiergerät, Radio, CD-Player, Fotoapparat, Videokamera und ein Globus zu finden waren, erledigt diese Funktionen heute ein einziges Gerät: das Smartphone.[27] Die Software in Kombination mit performanter Hardware hat all diese Devices „verschluckt" („Software is eating the world").

3.6.1 Server- und Storage-Systeme

Noch vor einigen Jahren war für jede Unternehmensapplikation, die eine Client-Server-Architektur verlangt, ein physischer Server notwendig. Mangels eines gleichzeitigen Betriebs unterschiedlicher Betriebssysteme auf ein und derselben Hardware (z. B. Windows Server für das ERP-System und Linux für den Webserver) mussten eine Vielzahl physischer Rechnereinheiten (Server) betrieben werden. Heute können – dank Virtualisierungssoftware – auf einem einzigen physischen Server alle im Unternehmen benötigten Client-Server-Applikationen betrieben werden. Dies vereinfacht nicht nur den Betrieb, sondern auch die Prozesse der Datensicherung, der Server-Steuerung und das Monitoring und der zentralen Datenhaltung (Storage-Systeme) von Produktivdaten.

Allerdings ist die Virtualisierung noch nicht in allen Unternehmen vollständig abgeschlossen. Der Grad der Virtualisierung (virtualisierte Applikationen/Anzahl aller Applikationen) kann ein guter Benchmark zwischen Unternehmen sein.

Da insb. Storage-Systeme sehr teuer sind (professionale Storage-Systeme auf SSD-Technologie kosten regelmäßig mehrere Hunderttausend Euro), sind die freien Speicherkapazitäten bzw. die Auslastung der vorhandenen Storage-Systeme zu erfragen.

26 Marc Andreessen, "Why Software Is Eating The World", Wall Street Journal, 20. August 2011, https://www.wsj.com/articles/SB10001424053111903480904576512250915629460 (zuletzt abgerufen am 25.06.2020)

27 Vgl. hierzu das Video in YouTube „Evolution of the Desk" https://youtu.be/uGI00HV7Cfw (zuletzt abgerufen am 02.03.2020).

Auch das durchschnittliche Alter der Server- und Storage-Systeme kann einen Hinweis darauf geben, ob Investitionen in naher Zukunft ausstehend sind. Server- und Storage-Hardware älter als fünf Jahre sind regelmäßig zu ersetzen.

3.6.2 Endgeräte (Clients)

Alle Geräte, die ein „User" in seiner betrieblichen Umgebung nutzt, sind Endgeräte. Darunter fallen zunächst als Endgeräte Desktop-Rechner als auch Notebooks, aber auch mobile Endgeräte (Handys und Tablets) und Drucker.

Die Betreuung der Endgeräte insb. bei Eintritt und Austritt von Mitarbeitern und bei Update von hardwarenaher Software (BIOS, Hardwaretreiber) ist umso aufwendiger, wenn Endgeräte von verschiedenen Herstellern und unterschiedliche Modelle eingesetzt werden. Idealerweise wird die Beschaffung der Hardware über den Einkauf abgewickelt. Die IT spezifiziert die Anforderungen nach Benutzergruppen (Entwickler, Anwender, Außendienstmitarbeiter, Manager) und konzipiert zusammen mit dem Einkauf ein „Endgerätebeschaffungskonzept". In einem solchen Konzept werden sowohl der Hersteller (Lenovo, Dell, HP, Asus, Acer …) als auch die zu beschaffenden Modelle festgelegt. Ein solches Konzept hält die Endgerätebetreuung im Zaum.

Risiken ergeben sich, wenn der Endanwender selbst seine Hardware spezifizieren oder gar beschaffen darf. Eine Hardwarevielfalt macht eine zentrale Verwaltung und eine kostengünstige Betreuung unmöglich. In einem Unternehmen mit Notebooks unterschiedlicher Hersteller und unterschiedlicher Betriebssysteme (z. B. Windows-Notebooks, Mac-Books und Android Tablets) ist eine zentrale Malware-Schutzverwaltung sowie die eine zentrale Aktualisierung von Betriebs- und Unternehmenssoftware nur sehr schwer umsetzbar. Bei verschiedenen Treiberschwierigkeiten muss sich die zentrale IT in verschiedene Probleme einarbeiten, die sich aufgrund der Vielfältigkeit auch nicht wiederholen (also ist auch kein Lernkurveneffekt gegeben).

Eine Vereinheitlichung der Hardware im Rahmen einer Post-Merger-Integration wird sich als sehr kostspielig und zeitaufwendig darstellen. Allerdings sind nach Vereinheitlichung der Endgeräte Einsparungen im Support und der Verwaltung der Geräte gegeben. Auch können bessere

Einkaufskonditionen bei größeren Stückzahlen von ein und demselben Modell beim gleichen Lieferanten verhandelt werden.

3.6.3 Tabellarische Zusammenfassung: Risiken und Synergien

Die angeführte Tabelle gibt exemplarisch typisierte Risiken und Synergien wieder:

Nr.	IT-Hardware	Risiken	Synergien
1	Server- und Storage-Systeme (Leistungsmerkmale von Servern und Storage-Systemen und Alter)	Geringe verbleibende Kapazitäten auf Speichersystemen und permanent hohe Auslastung der CPUs der Zentraleinheiten erfordern Investition in neue Hardware. Genauso auch veraltete Server- und Storage-Systeme.	Sofern das aufnehmende Unternehmen genügend Kapazitäten hat, könnte die Hardware des gekauften Unternehmens zu einem großen Teil stillgelegt werden. Dadurch sinken Verwaltungsaufwand und die Kosten des Betriebs der „alten" Hardware.
2	Endgeräte	Uneinheitliche Endgeräte erhöhen das Ausfallrisiko und den Supportaufwand.	Vereinheitlichung verringert Supportaufwand und verbessert Einkaufskonditionen aufgrund erhöhter Stückzahl von gleichen Modellen vom selben Hersteller.

Tab. 3.12 IT-Hardware: Risiken und Synergien

3.7 Software

An der eingesetzten Software in einem Unternehmen lässt sich die Modernität und die IT-Affinität erkennen. Sehr oft ist die „richtige" Software auch ein Effizienztreiber für die Unternehmensprozesse. Die richtige Software ist dann im Einsatz, wenn sie die betriebswirtschaftlichen Prozesse in Abhängigkeit von Unternehmensgegenstand, Unternehmensgröße und Komplexität bestmöglich unterstützt.

3.7.1 Betriebssysteme

Der Marktführer für Betriebssysteme für Server und Clients (Endgeräte) ist unbestritten Microsoft mit seiner Windows-Familie. Neben Microsoft wird in einigen Unternehmen auch Linux eingesetzt. Beispielsweise betreibt der Microsoft-Software-Konkurrent „Google“ (Alphabet) gemäß der Firmenpolicy kein Microsoft Windows.[28]

Die Analyse der Betriebssysteme auf Server-Ebene ist recht einfach. Hier geht es vor allem um die eingesetzte Version, da jede Server-Version einen Lebenszyklus hat, der ein Wartungsende impliziert. Die neueste Server-Version von Microsoft ist „Windows Server 2019“. Die Vorgängerversionen sind Windows Server 2016 und Windows Server 2012 (R2). Die davor eingesetzte Version „Windows Server 2008“ wird seit Anfang 2020 (14.01.2020) von Microsoft nicht wehr „supported“. Das bedeutet, dass keine Updates mehr herausgegeben werden. Dadurch ist der Einsatz von Windows Server 2008 und älteren Server-Betriebssystemen mit Sicherheitsrisiken verbunden.

Als alternatives und auch häufig eingesetztes Server-Betriebssystem ist Linux. Aufgrund der Kompatibilität von Linux mit anderen Unix-Systemen hat sich Linux auf dem Server-Markt besonders schnell etabliert. Linux wird häufig für Webserver und Datenbank-Server eingesetzt.

Auf Client-Seite kommen mehrere Betriebssysteme zum Einsatz. Führend ist auch hier wieder Microsoft mit Windows 10 (und davor Windows 8, 8.1 und 7) mit jeweils Home- und Pro-Versionen (siehe Abb. 3.13). Das Support-Ende von Windows 7 erfolgte zeitgleich mit Windows Server 2008 R2 zum 14.01.2020. Ein Einsatz von Windows 7 Clients ist also seither auch riskant, da Sicherheitslücken und Programmfehler (Bugs) nicht mehr behoben werden.

Neben Windows Clients sind macOS-Clients (Apple) nicht selten. Insbesondere mit der Kombination mit weiteren Apple-Produkten (IPad, IPhone auf Basis iOS) und der Nutzung der Apple Cloud stellt das macOS eine auf Client-Seite gute Alternative zu Windows-Clients dar. Auch zu erwähnen ist Linux. Mit vorkonfigurierten Linux-Distributionen, wie Ubuntu, können Unternehmen Endgeräte kostengünstig mit Betriebssystemen ausstatten.

[28] Vgl. https://www.welt.de/wirtschaft/webwelt/article7871354/Kein-Windows-mehr-fuer-Google-Mitarbeiter.html (zuletzt abgerufen am 08.05.2020).

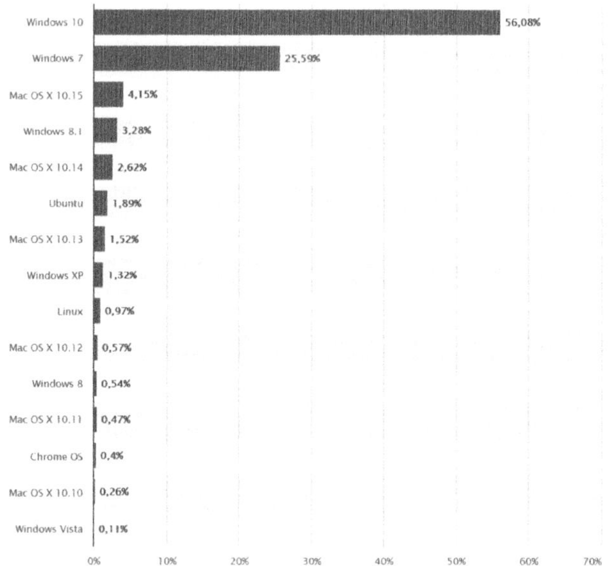

Abb. 3.13 Client-Betriebssysteme: Marktanteile weltweit im April 2020 (Quelle: de.statistca.com)[29]

Im mobilen Endgerätebereich (insb. Smartphones) hat sich Android als Betriebssystem durchgesetzt. Hier gibt es bereits Unternehmenslösungen, die ein zentrales Mobile Device Management (MDM) ermöglichen.

Im Rahmen einer Due Diligence sind die eingesetzten Lösungen auf Aktualität, Kompatibilität, Robustheit, Homogenität, Kosten und auf Sicherheit zu beurteilen. Alle vorgeführten Betriebssysteme auf Server und Clients haben ihre Vorzüge und Schattenseiten. Insbesondere bei der Verschmelzung einer IT-Abteilung mit einer anderen ist die Durchführung einer Beurteilung der eingesetzten Betriebssysteme eine zu empfehlende Übung.

3.7.2 Anwendungssoftware

In einem Unternehmen sind im Wesentlichen zwei Arten von Anwendungssoftware zu unterscheiden:

29 Vgl. https://de.statista.com/statistik/daten/studie/828610/umfrage/marktanteile-der-fuehrenden-betriebssystemversionen-weltweit/ (zuletzt abgerufen am 08.05.2020).

- betriebswirtschaftliche Anwendungen (ERP-System, Finanzbuchhaltung, Materialwirtschaft, HR-System, Webshop ...) und
- technische Anwendungen (CAD – rechnergestützte Konstruktion, CAM – rechnergestützte Fertigung ...).

Während technische Anwendungen sehr nah mit dem Fertigungsprozess und der Bedienung von Fertigungsmaschinen verknüpft sind, sind betriebswirtschaftliche Anwendungen von der in einem Unternehmen verwendeten Technologie losgelöst. Diese Loslösung ermöglicht eine relativ einfache Ersetzung von alter mit neuer Software. Der Markt für betriebswirtschaftliche Anwendungen ist deshalb auch um ein Vielfaches größer als der Markt für technische Anwendungen.

In den betriebswirtschaftlichen Anwendungen dominieren ERP-Systeme. Diese umfassen je nach Hersteller alle relevanten betriebswirtschaftlichen Funktionen eines Unternehmens (Materialwirtschaft, Fertigung, Finanz- und Rechnungswesen, Personalwirtschaft, Verkauf ...). Der Vorteil eines ERP-Systems liegt in der Integration des Datenflusses zwischen den Bereichen und einer einheitlichen Stammdatenverwaltung. Der Nachteil liegt sehr oft in der Komplexität der Konfiguration und der Ersteinführung. Weniger komplex und einfacher zu implementieren sind Einzellösungen (oder auch Insellösungen genannt) für eine spezifische betriebliche Funktion (z. B. Finanzbuchhaltung). Diese bedürfen allerdings immer einer Anbindung an andere Vor- und Nebensysteme über Schnittstellen (siehe Kapitel 3.7.3). Eine Vielzahl von Insellösungen ist aufwendig zu erhalten. Sobald sich ein System ändert (z. B. durch einen Release-Wechsel) kann es Auswirkungen auf Schnittstellen zu anderen Systemen haben. Auch ist bei Insellösungen die Stammdatenpflege problematisch. Ein und derselbe Stammsatz muss mehrfach gepflegt werden. So ist ein Kunde sowohl in der Materialwirtschaft als auch in der Finanzbuchhaltung anzulegen und zu pflegen. Im Rahmen einer Due Diligence empfiehlt es sich in jedem Fall, eine Skizze der verwendeten betriebswirtschaftlichen Anwendungen zu erstellen (Abb. 3.14). Dies hilft zur Gewinnung eines Verständnisses der Systemlandschaft und des Beleg- und Datenflusses.

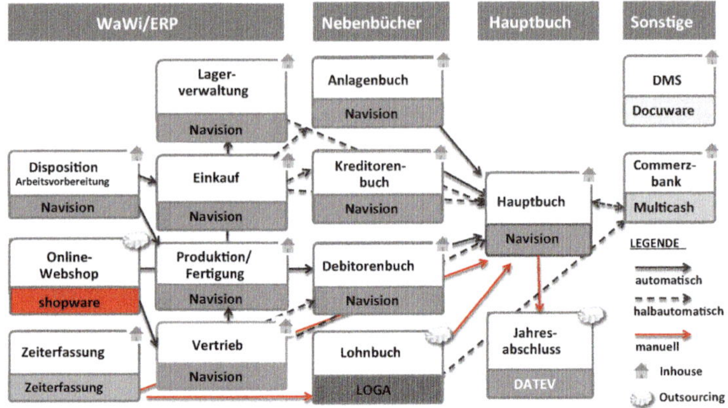

Abb. 3.14 Skizze einer Aufnahme betriebswirtschaftlicher Anwendungen

Die weltweit größten ERP-Hersteller sind SAP (ca. 20 % Marktanteil), Oracle (ca. 14 % Marktanteil) und Microsoft (ca. 10 % Marktanteil).[30] Bei großen Unternehmen ist der Marktanteil von SAP noch deutlich höher. Von den 15 weltweit größten Unternehmen nutzen zwölf SAP (einmal SAP ERP ECC 6.0 und elfmal bereits SAP S/4HANA).

ERP-System	Anzahl	Stichprobe (n = 15) der Top-100-Unternehmen
SAP S/4HANA	12	Walmart, Exxon Mobil, Apple, McKesson, CVS Health, AmerisourceBergen, Fort Motor, General Motors, Costco Wholesale, Alphabet, Chevron
SAP ERP ECC 6.0	1	AT&T
Oracle E-Business Suite	1	UnitedHealth Group
Oracle ERP Cloud	1	Berkshire Hathaway

Tab. 3.13 ERP-Systeme sehr großer Unternehmen[31]

SAP hat seit einigen Jahren aber auch Lösungen für kleine und mittelgroße Unternehmen. Neben der im Markt am häufigsten vertretenen Lösung SAP ERP ECC 6.0 gibt es für mittelgroße Unternehmen SAP Business ByDesign und für kleine Unternehmen SAP Business One

30 Vgl. https://www.finance-magazin.de/finanzabteilung/controlling/sap-oracle-microsoft-welcher-erp-anbieter-ist-der-beste-1393901/ (zuletzt abgerufen am 20.04.2020).

31 Vgl. https://www.appsruntheworld.com/top-10-erp-software-vendors-and-market-forecast/ (zuletzt abgerufen am 20.04.2020).

(Abb. 3.15). SAP ERP wird nach und nach durch die verbesserte Lösung SAP S/4HANA abgelöst. SAP S/4HANA gibt es in der eigenbetriebenen Variante SAP S/4HANA On-Premise oder die von SAP selbst betriebene Variante SAP S/4HANA Cloud.[32] Gerade in der Cloud-Lösung versprechen sich sowohl SAP als auch die SAP-Kunden Kostenvorteile des Betriebs.

Abb. 3.15 SAP-Systeme für kleine, mittlere und große Unternehmen

In seltenen Fällen wird anstelle einer ERP-Standardsoftware eine Individualsoftware betrieben. Eine Individualsoftware ist im Vergleich zu einer Standardsoftware eine Software-Lösung, die für einen Kunden maßgeschneidert wurde. Dies kann durch eigene IT-Mitarbeiter oder mit der Zuhilfenahme eines Software-Hauses geschehen. Eine Individualsoftware hat den Vorteil, dass sie haargenau an den Bedürfnissen eines Unternehmens ausgerichtet ist. Die Pflege und Fortführung der Individualsoftware bringt aber viele Risiken mit sich. Die Abhängigkeit vom Hersteller (dies sind ggf. nur einzelne Personen) ist sehr hoch, die Pflege bzgl. Kommunikation mit anderen Systemen (Schnittstellen) ist regelmäßig aufwendig. Dafür kann sie – insb., wenn die Software selbst erstellt wurde – relativ schnell auch auf neue Gegebenheiten angepasst werden.

Im Rahmen einer Due Diligence, die auf einen anschließenden Merger ausgerichtet ist, ist die Erhebung und die Beurteilung des betriebenen ERP-Systems von großer Bedeutung. Wird dasselbe System wie vom Käufer betrieben, ist die Fortführung relativ problemlos gestaltbar. Da-

[32] Vgl. SAP SE https://www.sap.com/germany/products/erp-financial-management/small-business-erp.html (zuletzt abgerufen am 12.03.2020).

rüber hinaus ermöglicht sich auch die Option einer Datenmigration in das System des Käufers.

Ist ein anderes ERP-System oder gar eine Individualsoftware im Einsatz, bedarf es das Know-how der Mitarbeiter des zu beurteilenden Unternehmens und ggf. des Software-Herstellers. Eine Migration auf ein anderes System ist regelmäßig sehr kostenintensiv und zeitaufwendig.

3.7.3 IT-Schnittstellen

Eine IT- oder Software-Schnittstelle stellt einen logischen Berührungspunkt zwischen zwei Systemen dar. Durch eine Schnittstelle wird der Austausch von Kommandos und Daten zwischen zwei Systemen ermöglicht und geregelt. Eine Schnittstelle ist ein Kommunikationsprogramm, das genauso wie eine andere Software gewartet werden muss.

Bei Schnittstellen wird zwischen unidirektionalen und bidirektionalen Schnittstellen unterschieden (Abb. 3.16). Eine unidirektionale Schnittstelle überträgt Kommandos oder Daten von einem System A in ein System B. Eine Rückübertragung von System B zu System A ist nicht vorgesehen. Diese Art von Schnittstelle kann z. B. für die Pflege von Stammdaten sehr sinnvoll sein. Haben beide Systeme die gleichen Stammdaten (z. B. für Kunden), erfolgt die Anlage und die Änderung der Stammdaten ausschließlich im System A. Man spricht dann davon, dass System A für die Stammdaten das führende System ist. Die Schnittstelle stellt die Gleichheit der Kundenstammdaten in diesem Fall sicher. Bei Abweichungen zwischen den Stammdaten des Systems A und des Systems B ist die Wahrheit immer im System A, dem führenden System. Abweichungen würden auf eine fehlerhafte Schnittstellenübertragung hinweisen.

In einer bidirektionalen Schnittstelle wechseln die Sender- und Empfängerrollen der Systeme A und B je nach Richtung des Informationsflusses. Dies kann z. B. notwendig sein, wenn beide Systeme gleichermaßen als Eingabesysteme gedacht sind und beide Systeme von Eingaben am anderen System abhängig sind (z. B. werden Kundenrechnungen von System A nach B übertragen und die erfolgte Zahlung des Kunden wird von System B nach A rückübertragen).

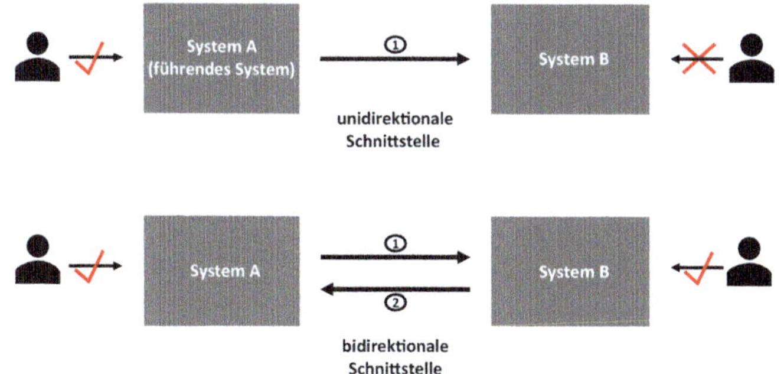

Abb. 3.16 Unidirektionale und bidirektionale Schnittstellen

Je heterogener eine Systemlandschaft ist (mehrere Software-Hersteller, kein einheitliches ERP-System, sondern Insellösungen ...), desto mehr Schnittstellen sind erzwungenermaßen gegeben. Eine Systemlandschaft mit vielen Schnittstellen ist sehr aufwendig zu pflegen. Darüber hinaus ist jede Schnittstelle auf vollständige und richtige Datenübertragung zu überwachen. Fehler in einer Schnittstelle sind zeitnah zu beheben (programmtechnisch) und Fehlerprotokolle sind auf Anwenderebene abzuarbeiten. Jedes Schnittstellenprogramm ist, wenn es fremdbezogen wurde, zu lizenzieren und unterliegt jährlichen Wartungsgebühren.

3.7.4 Tabellarische Zusammenfassung: Risiken und Synergien

Die angeführte Tabelle gibt exemplarisch typisierte Risiken und Synergien wieder:

Nr.	Element IT-Organisation	Risiken	Synergien
1	Betriebssysteme	Betriebssysteme werden nicht mehr „supported" (z. B. Windows Server 2008) oder sind nicht kompatibel und passen nicht in eine homogene Systemlandschaft.	Integration nach Migration
2	Anwendungs-software	Veraltet, heterogene Systemlandschaft Verwendung von Individualsoftware, hohe Abhängigkeit von wenigen Köpfen	Wechsel der Anwendungssoft-ware, Migration auf z. B. das ERP-System des Käufers

Nr.	Element IT-Organisation	Risiken	Synergien
3	Schnittstellen	Heterogene Systemlandschaft mit vielen Schnittstellen ist bei Veränderungen sehr wartungsintensiv.	Wenige Schnittstellen und dafür einheitliche Hersteller, Applikationen und Datenbanken reduzieren Schnittstellen sowie die Diversität von Schnittstellentechnologien

Tab. 3.14 Software: Risiken und Synergien

3.8 IT-Projekte

Veränderungen in der IT-Infrastruktur und der Systemlandschaft, die über das tägliche Doing hinausgehen, werden in Projekten umgesetzt. Sehr oft gibt es eine Change-Management-Richtlinie, in der festgelegt ist, ab welchem Veränderungsaufwand (z. B. 3 ab Personentage) ein Projekt aufgesetzt wird. Typische IT-Projekte sind:

- Einführung eines ERP-Systems,
- Einführung eines Webshops,
- Aufbau eines zweiten Server-Raums,
- Umsetzung einer einheitlichen Virtualisierung,
- Konsolidierung von Servern und Datenbanken,
- Aufbau eines unternehmensweiten Berechtigungskonzepts,
- Auslagerung von Systemen und Prozessen (Managed Services),
- IT-Readiness-Projekte zu Zertifizierungen (z. B. ISO 27001).

Das erstgenannte Projektbeispiel (Einführung eines ERP-Systems) ist mithin das sicherlich umfangreichste der genannten Projekte. Die Einführung einer Standardsoftware durchläuft üblicherweise die Phasen Planung, Definition, Analyse, Design und Customizing, Test, Datenmigration und Produktivsetzung und kann über mehrere Monate, gar über Jahre gehen.[33] Die Leistung der Einführung eines ERP-Systems (z. B. SAP) kann meistens nicht ohne externe Berater erfolgen. Die Kosten für ein solches Projekt sind somit nicht unerheblich. Umso wichtiger ist es, diese Projekte mit in die Beurteilung des Kaufgegenstands einzubeziehen. Bei Einführung einer Standard-ERP-Software ergeben sich regelmäßig folgende Risiken:

[33] WPH Assurance, Kapitel O, S. 645, IDW-Verlag, 1. Auflage 2017.

- Falsche Auswahl einer Software aufgrund unzureichender Beschreibung der Funktionalität im Pflichtenheft,
- Mangelnde Projekt-Management-Kompetenz in der Projektführung,
- Projektmitglieder besitzen nicht die richtige Qualifikation und Erfahrung,
- Projektbudget ist gering geplant,
- Unzureichende Berücksichtigung von bestehenden Abhängigkeiten und Interdependenzen zwischen IT-Teilsystemen,
- Mangelhafte Integration der Standardsoftware aufgrund unzureichender Analysen bzw. Anpassung der Geschäftsprozesse und des IT-Kontrollsystems,
- Fehlende Software-Bescheinigung nach IDW PS 880.

Eine Liste aller laufenden und geplanten Projekte ist mit der Anforderungsliste einzuholen. Idealerweise enthält diese Liste auch die geplanten Anfangs- und Endzeiten der Projekte, die Projektbesetzung sowie das jeweilige Projektbudget. Anhand dieser Liste und der Intention des Käufers lässt sich beurteilen, inwieweit Risiken gegeben und Synergien gehoben werden können.

3.8.1 Laufende Projekte

Projekte, die bereits gestartet und in der Umsetzungsphase sind, haben bereits einen großen Teil der Kosten verursacht. Software und/oder Hardware wurde angeschafft, eine Testumgebung aufgebaut und die ersten Analysen wurden durchgeführt. Bei diesen Projekten ist zu erheben, wie der Fertigstellungsgrad ist, welche Kosten bereits in den Büchern erfasst sind und welche Kosten noch bis zum Projektabschluss anfallen werden. In Abhängigkeit der Motivation des Unternehmenskaufs und der Verwendung können auch Überlegungen angestellt werden, nach dem Kauf laufende Projekte zu stoppen, wenn sie nicht in das Gesamtkonzept des Käufers passen. So kann die Einführung z. B. von Microsoft Dynamics NAV gestoppt werden, wenn klar steht, dass nach Abschluss des Deals die Migration auf das SAP-System des Käufers umgestellt werden sollte. Ähnliche Überlegungen betreffen den Aufbau eines zweiten Server-Raums oder sonstige hardware- und softwaremäßigen Umstellungen.

3.8.2 Geplante Projekte

Die Kosten für geplante IT-Projekte sind regelmäßig budgetiert und in den Planzahlen enthalten. Hier ergeben sich ggf. Korrekturen in den Planausgaben, wenn Projekte nach Unternehmenskauf nicht sinnvoll erscheinen.

Geplante Projekte können über eine konsistente Umsetzung der IT-Strategie Aufschluss geben.

3.8.3 Tabellarische Zusammenfassung: Risiken und Synergien

Die angeführte Tabelle gibt exemplarisch typisierte Risiken und Synergien wieder:

Nr.	IT-Projekte	Risiken	Synergien
1	Laufende Projekte	Projekte können zu Veränderungen führen, die nicht in das Gesamtkonzept des Käufers passen. Durch vertragliche Bindungen an Dienstleister können Projekte nur unter Zahlung von Vertragsstrafen abgebrochen werden. Projekte können scheitern.	Laufende Projekte können gestoppt werden, wenn sie nicht in das Gesamtkonzept des Käufers passen. Dadurch können Einsparungen erzielt werden.
2	Geplante Projekte	Projekte können zu Veränderungen führen, die nicht in das Gesamtkonzept des Käufers passen.	IT-Budgets für geplante Projekte stellen Korrekturpotenziale der Planzahlen dar. Nicht benötigte Projekte können noch nach Deal und vor Beginn der Projekte abgesagt werden.

Tab. 3.15 IT-Projekte: Risiken und Synergien

3.9 IT-Dienstleister und Outsourcing

Der Trend in den Unternehmen geht zum Outsourcing und zum Cloud Computing. Gemäß des Cloud Monitors von bitkom vom 18.06.2019 nutzen bereits drei Viertel der deutschen Unternehmen Cloud Computing (Abb. 3.17). Ein Trend der letzten Jahre ist deutlich zu erkennen. Die Cloud-Nutzung steigt jährlich um ca. 10 % gemäß des Cloud Monitors der bitkom. Dabei haben sich die Vorbehalte zur Datensicherheit und zum Datenschutz durch moderne Konzepte, wie z. B. der Zwei-Faktor-Authentifizierung, weiter abgebaut.

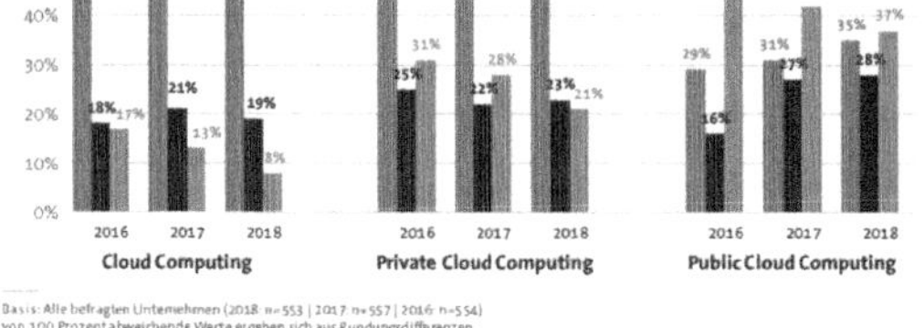

Abb. 3.17 Nutzung von Cloud Computing deutscher Unternehmen[34]

3.9.1 IT-Dienstleister

Mit einer Liste aller IT-Dienstleister kann untersucht werden, welche Tätigkeiten selbst und welche Tätigkeiten von Dienstleistern durchgeführt werden. Typischerweise werden technische Prüfungen von Geräten und der Betriebstechnik (Klimaanlagen, Brandschutz, USV …) immer von Dienstleistern durchgeführt. Auch die datenschutzrechtlich konforme Vernichtung und Entsorgung von Datenträgern übernehmen Dienstleister.

Anhand der Liste der Dienstleister sind die Verträge mit den Dienstleistern zu prüfen. Insbesondere Regelungen zu Mindestlaufzeiten und Kündigungsfristen sind festzuhalten.

Risiken ergeben sich aus der Abhängigkeit zum Dienstleister und dessen Zuverlässigkeit. Mangelnde vertragliche Ausgestaltungen (fehlende Service-Level-Agreements) können zu Unzufriedenheit beider Parteien führen.

Chancen ergeben sich bei der Bündelung von Dienstleistungen im Rahmen eines Unternehmenszusammenschlusses. Auch könnten einzelne Dienstleistungen von einer gruppeninternen Organisation übernommen werden (konzernweites Insourcing).

[34] https://www.bitkom.org/sites/default/files/2019-06/bitkom_kpmg_pk_charts_cloud_monitor_18_06_2019.pdf (zuletzt abgerufen am 09.05.2020).

Wenn Dienstleister Teile des IT-Betriebs übernehmen, spricht man von IT-Outsourcing.

3.9.2 IT Outsourcing

IT Outsourcing ist die Auslagerung von IT-Prozessen und IT-Systeme an externe Dienstleister. Es ist eine spezielle Form des Fremdbezugs einer bisher intern erbrachten Leistung, wobei Verträge die Dauer und den Gegenstand der Leistung fixieren.

Die Auslagerung von Geschäftsprozessen ist immer dann sinnvoll, wenn das eigene Unternehmen nicht über die erforderlichen Kapazitäten oder die notwendige Expertise und Spezialisierung verfügt oder der Dienstleister die Dienstleistung günstiger produziert als interne Mitarbeiter. Ob eine Aufgabe, ein Prozess oder ein System nach außen gegeben wird, unterliegt klassischerweise einer Make-or-Buy-Überlegung.

Heutzutage (dank Cloud- und Virtualisierungsmöglichkeiten) kann die gesamte IT-Infrastruktur inkl. der Applikationsbetreuung an IT-Systemhäuser ausgelagert werden. Solche Arten von Auslagerungen, bei denen Infrastruktur und Applikationsbetreuung nach außen gegeben werden, werden in sogenannten „Managed Services"-Dienstleistungen abgewickelt. In einem solchen Vertrag sind die einzelnen Dienstleistungen in „Leistungsscheinen" beschrieben. Der Auslagernde vereinbart für die Überwachung des Dienstleisters sogenannte „Service-Level-Agreements" (SLA), in denen über Kennzahlen (wie Verfügbarkeit, Reaktionsgeschwindigkeit) Mindestwerte und Bandbreiten festgelegt werden.

Eine spezielle Form des IT Outsourcings ist das Cloud Computing. Cloud Computing ist eine IT-Infrastruktur, die über das Internet verfügbar gemacht wird. Sie beinhaltet in der Regel Speicherplatz, Rechenleistung oder Anwendungssoftware als Dienstleistung.[35] Im Rahmen des Cloud Computings werden drei Servicemodelle unterschieden:

- Software as a Service (SaaS),
- Platform as a Service (PaaS),
- Infrastructure as a Service (IaaS).

[35] Vgl. https://de.wikipedia.org/wiki/Cloud_Computing (zuletzt abgerufen am 09.05.2020).

Beispiel für Software as a Service ist Office365. Hier erhält das Unternehmen alle Microsoft-Office-Produkte online via Browser. Die bekannteste „Platform as a Service“ und zugleich „Infrastructure as a Service“ ist die Microsoft Azure Cloud, in welcher virtualisiert eine eigene IT-Infrastruktur im Baukastenprinzip erschaffen werden kann.

Der große Vorteil des Cloud Computings liegt in seiner einfachen Gestaltung. Durch Standardisierung von Cloud Services benötigt man keine persönlichen Verhandlungen mit dem Dienstleister, sondern wählt die Services ganz nach Bedarf aus. Auch kann per Self-Service-Funktion die Rechenleistung oder der Speicherplatz sowie die User-Anzahl aufgestockt werden. Diese Flexibilität ist im Eigenbetrieb nicht gegeben. Eine Performance-Verbesserung in Rechenleistung und Speicherplatz bedarf einer Investition in Hardware und der anschließenden Inbetriebnahme. In einer Cloud kann der Nutzer flexibel agieren und die IT-Infrastruktur und Services entsprechend seines Bedarfs skalieren.

Im Rahmen einer IT Due Diligence sind wesentliche Outsourcing-Verhältnisse zu identifizieren und zu beurteilen. Möglicherweise können einige Dienstleistungen nach Abschluss des Deals anstelle von externen Dienstleistern von einer zentralen IT-Organisation (bei Integration in eine Unternehmensgruppe) abgebildet werden (Insourcing). In jedem Fall sind die Verträge, Beschreibung der Dienstleistung und Laufzeiten sowie vereinbarte Key Performance Indicator (KPI) aufzunehmen.

Je nach Bedeutung des Cloud Service Providers (CSP) oder des IT Service Providers für die Rechnungslegung ist darauf zu achten, dass die ausgewählten Dienstleister ein nachweislich angemessenes und wirksames Internes Kontrollsystem aufweisen. Der Nachweis gelingt mit einem Bericht nach IDW PS 951 Typ 2 oder einem international vergleichbaren Bericht (ISAE 3402 Typ 2, SSAE 18 Typ 2 ...).[36] In jedem Fall muss mit den Dienstleistern eine Vereinbarung zur Auftragsverarbeitung nach Art. 28 DSGVO abgeschlossen worden sein.

[36] Tritschler/Lamm (2018), Jahresabschlussprüfung bei Outsourcing und Cloud Computing, IDW-Verlag.

3.9.3 Tabellarische Zusammenfassung: Risiken und Synergien

Die angeführte Tabelle gibt exemplarisch typisierte Risiken und Synergien wieder:

Nr.	Element IT-Organisation	Risiken	Synergien
1	IT-Dienstleister	Risiken ergeben sich aus der Abhängigkeit zum Dienstleister und dessen Zuverlässigkeit. Mangelnde vertragliche Ausgestaltungen (fehlende Service-Level-Agreements) können zu Unzufriedenheit beider Parteien führen.	Chancen ergeben sich bei der Bündelung von Dienstleistungen im Rahmen eines Unternehmenszusammenschlusses. Auch könnten einzelne Dienstleistungen von einer gruppeninternen Organisation übernommen werden (konzernweites Insourcing).
2	IT Outsourcing	Risiken ergeben sich aus der Abhängigkeit zum Dienstleister und dessen Zuverlässigkeit. Mangelnde vertragliche Ausgestaltungen (fehlende Service-Level-Agreements) können zu Unzufriedenheit beider Parteien führen. Insbesondere bei Outsourcing-Verhältnissen, bei denen große Teile der Rechnungslegung betroffen sind, sind auch Fehlerrisiken, bezogen auf den Jahresabschluss, gegeben. Auch besteht das Risiko, dass gegen datenschutzrechtliche Vorschriften verstoßen wird.	Möglicherweise können einige Dienstleistungen nach Abschluss des Deals anstelle von externen Dienstleistern von einer zentralen IT-Organisation (bei Integration in eine Unternehmensgruppe) abgebildet werden (Insourcing).

Tab. 3.16 IT-Dienstleister und Outsourcing: Risiken und Synergien

3.10 IT Compliance

IT Compliance beschreibt die Einhaltung der gesetzlichen, unternehmensinternen und vertraglichen Regelungen bzgl. der IT-Funktion in einem Unternehmen. In den letzten Jahren ist das Thema IT Compliance verstärkt in den Vordergrund gerückt. Einerseits sicherlich aufgrund der EU-Datenschutzgrundverordnung, die seit dem 25.05.2018 verbindlich für alle Unternehmen in der Europäischen Union anzuwenden ist, andererseits aber auch aufgrund der Thematisierung von Cybersecurity und der Adressierung dieses Themas durch das Bundesamt für Sicherheit in der Informationstechnik (BSI). Mit dem IT-Sicherheitsgesetz vom 17.07.2015 hat sich die Anwendung des BSI-Gesetzes von rein öffentlichen Stellen auf kritische Infrastrukturen privater Betreiber diverser Branchen (KRITIS) ausgeweitet. Auch verpflichten sich seither Unternehmen untereinander auf Einhaltung bestimmter IT-Sicherheitsstandards (ISO27001, TISAX, BSI-Grundschutz, BSI-C5 oder VdS 10000).

3.10.1 Allgemeine IT Compliance

Zu den allgemeinen Compliance-Anforderungen in der IT gehören hauptsächlich Informationssicherheit, Verfügbarkeit, Datenaufbewahrung und Datenschutz.[37] Diese Anforderungen betrifft jedes Unternehmen.

Die allgemeinen Anforderungen leiten sich aus dem Handels- und Steuerrecht sowie aus den datenschutzrechtlichen Vorschriften ab.

1. Ordnungsmäßigkeits- und Sicherheitsvorschriften gemäß Handels- und Steuerrecht nach §§ 238, 239 und 257 HGB sowie §§ 145 bis 147 AO sowie dem BMF-Schreiben (Bundesminister der Finanzen) „Grundsätze zur ordnungsmäßigen Führung und Aufbewahrung von Büchern, Aufzeichnungen und Unterlagen in elektronischer Form sowie zum Datenzugriff (GoBD)“ vom 28.11.2019
2. EU-Datenschutzgrundverordnung (EU-DSGVO)
3. Bundesdatenschutzgesetz (BDSG)
4. Sonstige IT-relevante Gesetze (TMG, TKG …).

Bezüglich des ersten Punktes kann erfragt werden, ob im Rahmen der Jahresabschlussprüfung nach § 317 HGB auch eine IT-Prüfung nach IDW PS 330 durchgeführt wurde. Idealerweise gibt es hierüber einen Prüfungsbericht oder eine Zusammenfassung des Abschlussprüfers, die eingesehen werden kann. Darüber hinaus ist der Prüfungsbericht einzufordern. Sind gravierende Mängel zur Ordnungsmäßigkeit und Sicherheit gegeben, sind diese im Prüfungsbericht unter Feststellungen zur Ordnungsmäßigkeit zur Buchführung beschrieben.

[37] Vgl. https://de.wikipedia.org/wiki/IT-Compliance (zuletzt abgerufen am 30.04.2020).

Zur Beurteilung der Compliance mit Datenschutzvorschriften (Punkte 2 und 3) kann der Tätigkeitsbericht des Datenschutzbeauftragten herangezogen werden. Ein Tätigkeitsbericht ist zwar gesetzlich nicht explizit vorgeschrieben, ist aber zur Erfüllung der allgemeinen Rechenschaftspflichten nach Art. 5 Abs. 2 DSGVO dringend empfohlen. Darüber hinaus kann die Homepage des zu beurteilenden Unternehmens auf Einhaltung datenschutzrechtlicher Vorgaben geprüft werden. Darüber hinaus kann auch geprüft werden, ob Angaben gemäß Telemediengesetz (TMG) im Impressum gemacht wurden.

Beispiel

Dass IT Compliance und insb. Datenschutz-Compliance im Rahmen eines Deals sehr relevant sein können, zeigt der folgende Fall:

In 2019 beabsichtigte eine britische Behörde (ICO), Marriott International ein Ordnungsgeld von £99 Millionen aufgrund eines Verstoßes gegen die DSGVO zu verhängen.[38] Im Rahmen eines Cyber-Angriffs im November 2018 wurden 339 Mio. Datensätze über Gästeinformationen offengelegt. Die Schwachstelle war bereits in 2014 in den Systemen der Starwood Hotels Group vorhanden. In 2016 akquirierte Marriott die Starwood-Hotelgruppe. Die Schwachstelle hätte im Rahmen einer Due Diligence aufgedeckt werden können.

3.10.2 Spezielle IT Compliance

Spezielle IT-Compliance-Anforderungen können sich aus der Branchenzugehörigkeit eines Unternehmens sowie aus Vertragspflichten und unternehmensinternen Regelungen ergeben. Exemplarisch werden nachfolgend einige Anforderungen aufgezeigt:

1. Unternehmen in bestimmten Branchen (Abb. 3.18) und in Abhängigkeit definierter Größenmerkmale sind durch das IT-Sicherheitsgesetz und der Verordnung zur Bestimmung Kritischer Infrastruk-

[38] Vgl. https://ico.org.uk/about-the-ico/news-and-events/news-and-blogs/2019/07/intention-to-fine-marriott-international-inc-more-than-99-million-under-gdpr-for-data-breach (zuletzt abgerufen am 02.02.2020).

turen nach dem BSI-Gesetz (BSI-KritisV) betroffen.[39] Danach sind Betreiber kritischer Infrastrukturen verpflichtet, „angemessene organisatorische und technische Vorkehrungen [...] zu treffen“ (§ 8a Abs. BSIG) und diese „mindestens alle zwei Jahre [...] nachzuweisen“ (§ 8a Abs. 3 BSIG).

2. Finanzdienstleister haben die impliziten IT-Anforderungen, die mit den Mindestanforderungen an das Risiko-Management (Ma-Risk) und den bankenaufsichtlichen Anforderungen an die IT (BAIT) gegeben sind, zu erfüllen.[40]
3. In der Automobilbranche hat sich der IT-Sicherheitsstand „TISAX“ (Trusted Information Security Assessment Exchange) durchgesetzt. Zulieferer werden von den Originalausrüstungsherstellern (OEM – Original Equipment Manufacturer) zu dieser Zertifizierung vertraglich verpflichtet.[41]
4. Bedeutende Dienstleister für Unternehmen der öffentlichen Hand werden zur Zertifizierung nach ISO 27001 (Information-Security-Management-System – ISMS) verpflichtet. Die Verpflichtung, ein wirksames ISMS zu haben, wird in Ausschreibungen vermehrt verlangt.
5. Um sich gegen Cybersecurity zu versichern, fordert die VdS Schadenverhütung GmbH eine Zertifizierung nach VdS 10000 (Informationssicherheits-Management für KMU).[42]
6. Im Rahmen von Auslagerungen wesentlicher IT-Systeme und -Prozesse, die auch die Rechnungslegung betreffen, sollte der Dienstleister einen Prüfungsbericht nach IDW PS 951 Typ 2 (oder äquivalent) vorhalten.
7. Cloud Service Provider (Cloud Anbieter) haben den Anforderungskatalog C5 (Cloud Computing Compliance Controls Catalogue – C5) des Bundesamts für Sicherheit in der Informationstechnik (BSI) zu erfüllen. Die im Katalog aufgeführten Mindestanforderungen an die Cloud-Sicherheit dürfen aus BSI-Sicht nicht unterschritten werden. Der Anforderungskatalog C5 beschreibt darüber hinaus Vorga-

39 Vgl. https://www.bsi.bund.de/DE/Themen/KRITIS/IT-SiG/it_sig_node.html;jsessionid=42DD5DEE2DBAFF015150EB8ED596350B.2_cid500 (zuletzt abgerufen am 02.02.2020)

40 Vgl. https://www.bafin.de/DE/Aufsicht/BankenFinanzdienstleister/Risikomanagement/risikomanagement_node.html (zuletzt abgerufen am 02.02.2020).

41 Vgl. https://de.wikipedia.org/wiki/TISAX (zuletzt abgerufen am 02.02.2020).

42 Vgl. https://vds.de/kompetenzen/cyber-security/zertifizierung/informationssicherheit-fuer-kmu-vds-10000 (zuletzt abgerufen am 28.02.2020).

ben für die Durchführung einer Zertifizierung der Cloud-Sicherheit durch eine prüfende Stelle.

Diese Aufzählung ist sicherlich nicht abschließend und kann nur als Orientierung dienen. Viele Branchen (Energieversorger, Pharmaindustrie, Sicherheitswirtschaft, Krankenhäuser ...) haben weitere Anforderungen, die die IT Compliance betreffen. Im Einzelfall sind diese zu erheben, um Transparenz über die zu erfüllenden Anforderungen und deren Einhaltung im Unternehmen zu erhalten. Jeder Verstoß gegen gesetzliche und vertragliche Folgen kann Geldbußen, Vertragstrafen und ggf. den Verlust von Kunden zur Folge haben.

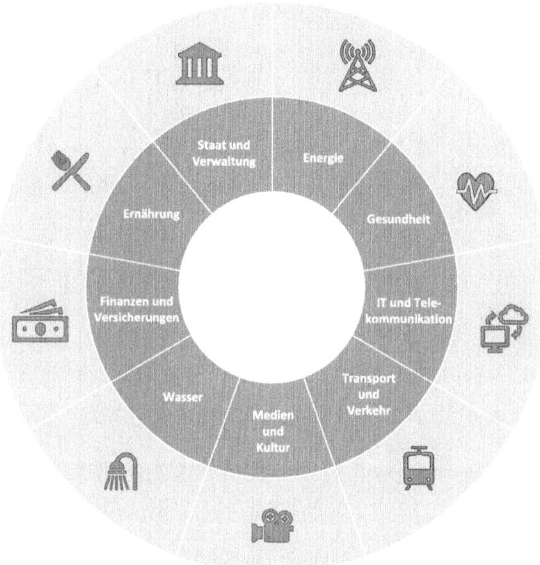

Abb. 3.18 Kritische Infrastrukturen nach BSI-KritisV

3.10.3 Tabellarische Zusammenfassung: Risiken und Synergien

Die angeführte Tabelle gibt exemplarisch typisierte Risiken und Synergien wieder:

Nr.	Element IT-Organisation	Risiken	Synergien
1	Allgemeine IT Compliance	Verstöße gegen die allgemeine Compliance (z. B. HGB, AO, Datenschutz) stellen regelmäßig Ordnungswidrigkeiten dar, die mit Geldbußen versehen werden. Bei steuerlich relevanten Verstößen (z. B. Verstoß gegen die Grundsätze ordnungsmäßiger Buchführung) können die steuerlichen Bemessungsgrundlagen geschätzt werden.	Synergien können sich ergeben, wenn bei dem Käufer bereits ein funktionierendes Compliance-Management-System implementiert ist, das auch die IT Compliance beinhaltet.
2	Spezielle IT Compliance	Verstöße gegen die spezielle Compliance können Ordnungsgelder/Geldbußen auslösen. Bei Nichteinhaltung von Verträgen greifen regelmäßig Vertragsstrafen oder eine Minderung wegen Schlechtleistung.	Synergien können sich ergeben, wenn bei dem Käufer bereits ein funktionierendes Compliance-Management-System implementiert ist, das auch die IT Compliance beinhaltet.

Tab. 3.17 IT Compliance: Risiken und Synergien

4 Gesamtbetrachtung und Berichterstattung

In der Gesamtbetrachtung sind nun alle Erkenntnisse aus den erhaltenen Unterlagen und den geführten Gesprächen in den zehn Bereichen IT-Strategie, IT-Kosten, IT-Organisation, IT Policies, Procedures und -Prozesse, IT-Infrastruktur, IT Hardware, Software, IT-Projekte, IT-Dienstleister und Outsourcing und IT Compliance im Hinblick auf das Vorhaben des Käufers zu beurteilen. Idealerweise werden alle identifizierten Risiken und Synergien/Chancen tabellarisch zusammengeführt und wenn möglich monetär bewertet (4.1). Im Anschluss kann von einem geschätzten Kaufpreis die untere und eine obere Grenze auf Basis der Erkenntnisse aus der IT Due Diligence ermittelt werden.

4.1 Zusammenfassung von Risiken und Synergien/Chancen

Nachfolgend werden einzelne Risiken und Synergien/Chancen exemplarisch dargestellt und beispielhaft bewertet. Diese Übung dient dazu, die eigene Position in einer Kaufpreisverhandlung zu stärken, in dem zur Vorbereitung auf die Gespräche eine Obergrenze für den Kaufpreis ermittelt wird. Eine Zusammenfassung aller Risiken liefert Argumente für eine Anpassung des Kaufpreises nach unten. Die monetäre Auswirkung kann einmaliger oder wiederkehrender Natur sein. Wiederkehrende Sachverhalte (z. B. wiederkehrende Einsparungen) sind in der Tabelle dadurch gekennzeichnet, dass sie ein p.a. (per anno) tragen.

Nr.	Element	Risiken	Synergien/ Chancen	Monetäre Auswirkung
1	IT-Strategie	Nicht definiert	Nicht definiert	Keine
2	IT-Kosten		Kosteneinsparung in Lizenzkosten aufgrund größerer Stückzahlen	T€ +50 p.a.
3	IT Organisation	Schlüsselpersonen könnten das Unternehmen verlassen	Einsparung in IT Personalkosten von zwei Mitarbeitern	T€ +150 p.a.
4	IT Policies & Procedures und Prozesse	Keine ausreichende Dokumentation, Notfallplan fehlt		T€ –30

Nr.	Element	Risiken	Synergien/ Chancen	Monetäre Auswirkung
5	IT-Infrastruktur	Unternehmensweite Verkabelung auf CAT5, Umstellung auf CAT6		T€ –20
6	IT-Hardware	Veraltete Hardware, Storage-Systeme an der Kapazitätsgrenze		T€ –300
7	Software und Schnittstellen		ERP-System kann in Käufersystem migriert werden	T€ –250 T€ 100 p.a.
8	IT-Projekte	Projekt DSGVO nicht ausreichend budgetiert		T€ –150
9	IT-Dienstleister u. Outsourcing	Kein monatliches Berichtswesen		Keine
10	IT Compliance	Zertifizierung nach TISAX ausstehend		T€ 40 T€ –15

Tab. 4.1 Beispielhafte Zusammenfassung aller Risiken und Synergien/Chancen

4.2 Einfluss von Risiken und Synergien auf den Kaufpreis

Bei einem geschätzten Kaufpreis, der üblicherweise aus einem Vielfachen („Multiple") einer Gewinngröße abgeleitet wird, können die Erkenntnisse aus der IT Due Diligence als Anpassungen dienen.

Nehmen wir an, dass sich die Kaufbereitschaft auf einen Multiple-Ansatz[43] stützt und dieser sich auf € 10 Mio. beläuft (EBIT von € 1 Mio. und Multiple von 10), so ergibt sich auf Basis der Erkenntnisse eine Kaufpreisspanne, in der der Käufer bereit wäre, den Kaufgegenstand zu erwerben. Die Untergrenze ermittelt sich aus den bewerteten Risiken der IT-Funktion und die Obergrenze aus der Summe der Synergien. Bei einem „Multiple" von 10 ergibt sich auf Basis der Tabelle 4.1 das folgende Bild (Tabelle 4.2 und Tabelle 4.3):

[43] Siehe Kapitel 1.1.

Nr.	Element	Einmalige Kosten	Jährliche Kosten	Einmalige Einsparungen	Jährliche Einsparungen
1	IT-Strategie	0	0		0
2	IT-Kosten	0	0	0	50
3	IT-Organisation	0	0	0	150
4	IT Policies & Procedures & Prozesse	30	0	0	0
5	IT-Infrastruktur	20	0	0	0
6	IT-Hardware	300	0	0	0
7	Software & Schnittstellen	250	0	0	100
8	IT-Projekte	150	0	0	0
9	IT D&O	0	0	0	0
10	IT Compliance	40	15	0	0
	SUMME	**790**	**15**	**0**	**300**

Tab. 4.2 Zusammenfassung Kosten und Einsparungen in T€

Werden die jährlichen Kosten und die jährlichen Einsparungen jeweils mit dem relevanten „Multiple", der für die Schätzung des Kaufpreises herangezogen wurde, multipliziert, ergibt sich folgendes Bild für eine Kaufpreisspanne aus Sicht des Käufers. Aus rein wirtschaftlicher Sicht würde der Käufer bis zur Obergrenze in Höhe von € 12,06 Mio. mitgehen. Dieser Wert errechnet sich aus den mit dem Kauf verbundenen zusätzlichen Ausgaben für IT-Maßnahmen und den Einsparungen (Synergien), die er durch die Integration des Unternehmens erzielen kann. Auf einen Kaufpreis über € 12,06 Mio. würde er nicht eingehen.

	In T€
Ausgangsgröße Kaufpreisschätzung	**10.000**
Einmalige Kosten	790
Wiederkehrende Kosten (Faktor 10)	150
Untergrenze (best buy)	**9.060**
Einmalige Einsparungen	0
Jährliche Einsparungen (Faktor 10)	3.000
Obergrenze (max buy)	**12.060**

Tab. 4.3 Kaufpreisspanne aus Sicht des Käufers

4.3 Berichterstattung

Ein IT-Due-Diligence-Bericht kann die folgende Struktur haben, sofern die Ergebnisse der IT Due Diligence nicht in einen Gesamtbericht über die Durchführung einer Due Diligence integriert werden sollen (vgl. Kapitel 2.4).

1. Auftrag und Auftragsdurchführung
   a. Zielsetzung
   b. Gegenstand der IT Due Diligence
   c. Annahmen zur Ermittlung von Synergien

2. Beschreibung der IT-Funktion
   a. IT-Strategie
   b. IT-Kosten
   c. IT-Organisation
   d. IT Policies, Procedures und -Prozesse
   e. IT-Infrastruktur
   f. IT-Hardware
   g. IT-Applikationen
   h. IT-Projekte
   i. IT-Dienstleister und Outsourcing
   j. IT Compliance

3. Darstellung der bewerteten Risiken und Synergien
4. Empfehlungen für eine Kaufpreisanpassung
5. Zusammenfassung

In Kapitel 1 wird der Auftrag wiedergeben und der Gegenstand der IT Due Diligence abgegrenzt. Die IT Due Diligence kann sich innerhalb eines Unternehmens auf bestimmte Standorte, Werke oder Geschäftsbereiche beschränken. Das Kapitel 1 schließt ab, in dem die Annahmen zur Ermittlung der Synergien aufgeführt werden. Im Rahmen einer Due Diligence, bei der der Käufer die Absicht hat, das Unternehmen mit einer anderen Gesellschaft zu verschmelzen oder in einen neuen Konzernverbund zu integrieren, ist die Erkenntnis darüber relevant für die Ermittlung der Synergien.

Die Beschreibung der einzelnen IT-Elemente im zweiten Kapitel soll eine vollständige Transparenz über die IT-Funktion des Kaufgegenstands gewähren. Hierbei ist es für den Leser wichtig, dass das Kapitel 2 nicht aus einer Vielzahl von Dokumenten des zu kaufenden Unternehmens besteht, sondern eine für einen Dritten verständliche Beschreibung der IT-Funktion aus einem Guss des Beurteilers kommt.

Das dritte Berichtskapitel kann analog zur Tabelle 4.1 und das vierte Berichtskapitel in Anlehnung an Tabelle 4.2 aufgebaut werden.

Kapitel 5 ist die Zusammenfassung. Diese wird in einer Due Diligence sehr oft als „Management Summary" bezeichnet. In dieser Zusammenfassung sind wesentliche Risiken und Synergien idealerweise auf einer Seite zusammengefasst. Positive und negative Erkenntnisse, die aus der Beschreibung der IT-Funktion stammen (drittes Berichtskapitel), können ebenfalls aufgeführt werden. In der Abbildung 4.1 wird eine beispielhafte Management Summary gezeigt.

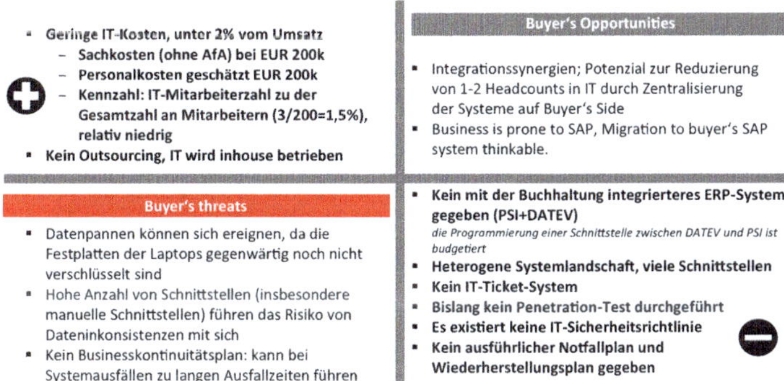

Abb. 4.1 Beispiel einer „Management Summary"

Diese kann statt am Schluss des Berichts besser ganz am Anfang des IT-Due-Diligence-Berichts gezeigt werden.

5 Anlage 1: Beispielhafte Anforderungsliste

Nr.	Dokumentenanforderung	Check
	A. IT-Strategie	
1	Mission-Vision-Value-Statement der IT	☐
2	IT-Strategie	☐
3	IT-Mehrjahresplan: Budget, Mitarbeiterplanung, Investitionen in Soft- und Hardware	☐
	B. IT-Kosten	
4	IT-Kostenstelle der der letzten drei Jahre	☐
5	IT-Aufwendungen des laufenden Jahres	☐
7	IT-Investitionen des laufenden Jahres	☐
8	IT-Budgets für das laufende Jahr und das Folgejahr	☐
	C. Organisation	
9	Organigramm der IT-Abteilung	☐
10	Nennung von Stabstellen zur IT-Sicherheit und Datenschutz (IT-Sicherheitsbeauftragter, Datenschutzbeauftragter)	☐
11	Aufstellung der IT-Mitarbeiter, Qualifikation, Verantwortlichkeit, Gehalt, Anzahl der Jahre der Zugehörigkeit und einer kurzen Stellenbeschreibung	☐
	D. IT Polices, Procedures & -Prozesse	
1	Zusammenstellung aller IT-Policies, Richtlinien, Arbeitsanweisungen bzgl. IT-Sicherheit, IT-Betrieb und IT-Nutzung. Mindestumfang umfasst die folgenden Dokumente: – IT-Sicherheitsrichtlinie – Berechtigungskonzept für wesentliche Anwendungen – Change Management Policy/Richtlinie – Datensicherungskonzept – Technische und organisatorische Maßnahmen (TOM) nach Art. 32 DSGVO	☐
2	IT-Prozesse – Help Desk/Ticketsystem – Change-Management-Prozess – Onboarding-/Offboarding-Prozess – Siehe Prozesse 3.1.2	☐

Nr.	Dokumentenanforderung	Check
	E. IT-Infrastruktur	
	Aufstellung aller IT-Standorte	☐
	Beschreibung der Ausstattung des Server-Raums	☐
	Netzwerkplan	☐
	Berichte/Ergebnisse über durchgeführte Penetrationstests, Vulnerability oder Security Scans	☐
	F. IT-Hardware	
	Liste der Hardware für Server- und Storage-Systeme	☐
	Liste der eingesetzten Endgeräte/Clients	☐
	Auszug aus dem Anlagenbuch/Berechnung des durchschnittlichen Hardware-Alters von Servern und Clients	☐
	G. Software und Schnittstellen	
	Liste aller betriebswirtschaftlichen Anwendungen inkl. Anzahl der Benutzer/Lizenzen	☐
	Liste aller technischen Anwendungen inkl. Anzahl der Benutzer/ Lizenzen	☐
	Liste der eingesetzten Sicherheitssoftware (Virenschutz, Backup, Monitoring ...)	☐
	Liste der eingesetzten Betriebssysteme (Server/Clients)	☐
	Skizze des Zusammenspiels der betriebswirtschaftlichen Anwendungen inkl. der Schnittstellen	☐
	Liste der individuell programmierten Schnittstellen sowie deren Betreuer	☐
	Liste eigenentwickelter Programme	☐
	H. IT-Projekte	
	Liste der laufenden Projekte mit Projektenddatum und Budget sowie Nennung der Projektmitglieder	☐
	Liste der geplanten Projekte mit Projektstart- und Enddatum sowie Budget sowie Nennung der geplanten Projektmitglieder	☐
	I. Dienstleister und Outsourcing	
	Liste der Verträge mit Dienstleistern inkl. vereinbarte Service-Level-Agreements (SLA)	☐
	Liste der Aktivitäten, die ausgelagert sind	☐
	Liste in Anspruch genommener Cloud-Lösungen/Cloud Services	☐
	Leasingverträge für Hardware	☐
	Wartungsverträge für Systeme	☐

Nr.	Dokumentenanforderung	Check
	J. IT Compliance	
	Nachweise über erlangte Zertifizierungen (ISO 27001, TISAX ...)	☐
	Nachweise zu durchgeführten IT-Prüfungen (z. B. IT-Systemprüfungen nach IDW PS 330, Datenschutz-Audits)	☐
	Nachweise zur Durchführung von Tätigkeiten der Internen Revision bzgl. IT-Themen	☐
	Prüfungsberichte nach IDW PS 951 über Dienstleister	☐
	Datenschutzkonzept	☐

6 Anlage 2: Beispielhafte Risiken und Synergien

Nr.	Themengebiet	Risiken	Synergien
IT-Strategie			
1	Gegensätzliche Zielvorstellungen (MVV-Statement) und keine einheitliche Strategie	Laufende IT-Projekte müssten nach Erwerb gestoppt werden.	
2	Ähnliche Zielvorstellung (MVV-Statement) und einheitliche Strategie		Projekte können gemeinsam durchgeführt werden. Synergien durch gemeinsame Projektmitarbeiter und Dienstleister
IT-Kosten			
1	IT-Ausgaben (insgesamt)	Eine Indikation für Risiken kann sich aus einer Abweichung der Kennzahl „IT-Ausgaben zum Umsatz" ergeben. Zu hohe Ausgaben können auf eine ineffiziente, heterogene Systemlandschaft mit vielen Einzelverträgen und hohen Wartungskosten hinweisen. Zu niedrige Ausgaben können sich aus einem Investitions- und Wartungsrückstand ergeben. Dabei könnte es sich um eine veraltete IT-Infrastruktur handeln.	Eine Analyse hoher IT-Ausgaben kann Verbesserungspotenziale aufdecken. Eine Migration auf eine effizientere IT-Systemlandschaft (z. B. die des Käufers) kann Kosteneinsparpotenziale heben.
2	IT-Personalaufwand	Zu hoher IT-Personalaufwand kann über eine Überbesetzung und schlechte Aufgabenaufteilung in der IT-Organisation hindeuten. Zu geringer Personalaufwand erhöht das Risiko von Wartezeiten der Anwender und Systemausfällen	Bei einer Überbesetzung der IT-Organisation könnten Mitarbeiter freigesetzt werden.

Nr.	Themengebiet	Risiken	Synergien
3	Laufender IT-Aufwand	Ein über einen Zeitraum von mehreren Jahren schwankender IT-Aufwand kann sich auf Sonderfälle zurückführen lassen. Problematisch und damit risikobehaftet wären insb. Cyber-Security- oder Datenschutzverletzungen.	Ein höherer IT-Aufwand aufgrund einer Erstzertifizierung (z. B. ISO27k) kann positiv gesehen werden. In den Folgejahren kann mit einem Rückgang des laufenden IT-Aufwands gerechnet werden.
4	IT-Investitionen	Rückläufige oder unterlassene IT-Investitionen müssen nachgeholt werden. Daraus ergibt sich ein IT-Ausgabenrisiko.	Kürzlich getätigte Investitionen können sich positiv auf den laufenden IT-Aufwand auswirken (Anschaffung einer neuen integrierten Unternehmenssoftware, die eine Vielzahl von Altsystemen ablöst).
IT-Organisation			
1	IT-Organisation	Die Steuerung der IT ist nicht in der Unternehmensführung angebracht. Die IT-Organisation ist nicht an der IT-Strategie ausgerichtet.	
2	IT-Ablauforganisation	Mangelnde Funktionstrennung Keine Vertreterregelungen	
3	IT-Mitarbeiter	Mitarbeiter sind Quereinsteiger aus anderen Fachbereichen, fehlende Qualifikationen Lücken im Wissenstransfer aufgrund hoher Fluktuation der letzten Jahre. Know-how-Verlust durch Abgang von Schlüsselpositionen und Leistungsträgern	Personalkosteneinsparung bei einem Unternehmenszusammenschluss und Integration der IT-Abteilung Spezialisierungsmöglichkeiten Erhöhte Mitarbeiterzahl erlaubt Insourcing von Aktivitäten, Kosteneinsparung bei IT-Dienstleistungen

Nr.	Themengebiet	Risiken	Synergien
IT Policies, Procedures und -Prozesse			
1	IT Policies & Procedures	Risiken ergeben sich, bei mangelhafter Ausgestaltung von Richtlinien und Arbeitsanweisungen.	Bei Unternehmenszusammenschlüssen müssen künftig die Dokumentationen nicht doppelt erstellt und gepflegt werden. Hier ergibt sich eine administrative Dokumentationsentlastung.
2	IT-Prozesse	Risiken ergeben sich, wenn IT-Prozesse, insb. zum Change Management und der Berechtigungsvergabe, nicht „end-to-end" durchdacht und definiert sind.	Synergien und Chancen ergeben sich bei der Vereinheitlichung von IT-Prozessen und bei der Anwendung von Best Practices, wie ITIL. Darüber hinaus ergibt sich auch die Möglichkeit, bei einer Neugestaltung IT-Kontrollen, z. B. nach dem COBIT 2019 Framework, zu implementieren.
IT-Infrastruktur			
1	Server-Raum	Server-Raum hat nicht die notwendige Ausstattung, um einen ordnungsgemäßen Betrieb sicherzustellen.	Zusammenführung von Server-Räumen zu einem Server-Raum Kosteneinsparungen im Betrieb
2	Netzwerk und Netzwerkkomponente	Langsamer Internetanschluss, keine Glasfasermöglichkeit Netzwerksicherheitsanalysen (z. B. Vulnerability Scan, Pentests ...) wurden nie durchgeführt.	Zentrale Verwaltung des Netzwerks (über MPLS) Sicherheitseinstellungen des übernehmenden Unternehmens könnten übernommen werden.
IT Hardware			
1	Server- und Storage-Systeme (Leistungsmerkmale von Servern und Storage-Systemen und Alter)	Geringe verbleibende Kapazitäten auf Speichersystemen und permanent hohe Auslastung der CPUs der Zentraleinheiten erfordern Investition in neue Hardware. Genauso auch veraltete Server- und Storage-Systeme.	Sofern das aufnehmende Unternehmen genügend Kapazitäten hat, könnte die Hardware des gekauften Unternehmens zu einem großen Teil stillgelegt werden. Dadurch sinken Verwaltungsaufwand und die Kosten des Betriebs der „alten" Hardware.

Nr.	Themengebiet	Risiken	Synergien
2	Endgeräte	Uneinheitliche Endgeräte erhöhen das Ausfallrisiko und den Supportaufwand.	Vereinheitlichung verringert Supportaufwand und verbessert Einkaufskonditionen aufgrund erhöhter Stückzahl von gleichen Modellen vom selben Hersteller.
Software			
1	Betriebssysteme	Betriebssysteme werden nicht mehr „supported“ (z. B. Windows Server 2008) oder sind nicht kompatibel und passen nicht in eine homogene Systemlandschaft.	Integration nach Migration
2	Anwendungssoftware	Veraltet, heterogene Systemlandschaft Verwendung von Individualsoftware, hohe Abhängigkeit von wenigen Köpfen	Wechsel der Anwendungssoftware, Migration auf z. B. das ERP-System des Käufers
3	Schnittstellen	Heterogene Systemlandschaft mit vielen Schnittstellen ist bei Veränderungen sehr wartungsintensiv.	Wenige Schnittstellen und dafür einheitliche Hersteller, Applikationen und Datenbanken reduzieren Schnittstellen sowie die Diversität von Schnittstellentechnologien
IT-Projekte			
1	Laufende Projekte	Projekte können zu Veränderungen führen, die nicht in das Gesamtkonzept des Käufers passen. Durch vertragliche Bindungen an Dienstleister können Projekte nur unter Zahlung von Vertragsstrafen abgebrochen werden. Projekte können scheitern.	Laufende Projekte können gestoppt werden, wenn sie nicht in das Gesamtkonzept des Käufers passen. Dadurch können Einsparungen erzielt werden.
2	Geplante Projekte	Projekte können zu Veränderungen führen, die nicht in das Gesamtkonzept des Käufers passen.	IT-Budgets für geplante Projekte stellen Korrekturpotenziale der Planzahlen dar. Nicht benötigte Projekte können noch nach Deal und vor Beginn der Projekte abgesagt werden.

Nr.	Themengebiet	Risiken	Synergien
IT-Dienstleister und Outsourcing			
1	IT-Dienstleister	Risiken ergeben sich aus der Abhängigkeit zum Dienstleister und dessen Zuverlässigkeit. Mangelnde vertragliche Ausgestaltungen (fehlende Service-Level-Agreements) können zu Unzufriedenheit beider Parteien führen.	Chancen ergeben sich bei der Bündelung von Dienstleistungen im Rahmen eines Unternehmenszusammenschlusses. Auch könnten einzelne Dienstleistungen von einer gruppeninternen Organisation übernommen werden (konzernweites Insourcing).
2	IT Outsourcing	Risiken ergeben sich aus der Abhängigkeit zum Dienstleister und dessen Zuverlässigkeit. Mangelnde vertragliche Ausgestaltungen (fehlende Service-Level-Agreements) können zu Unzufriedenheit beider Parteien führen. Insbesondere bei Outsourcing-Verhältnissen, bei denen große Teile der Rechnungslegung betroffen sind, sind auch Fehlerrisiken, bezogen auf den Jahresabschluss, gegeben. Auch besteht das Risiko, dass gegen datenschutzrechtliche Vorschriften verstoßen wird.	Möglicherweise können einige Dienstleistungen nach Abschluss des Deals anstelle von externen Dienstleistern von einer zentralen IT-Organisation (bei Integration in eine Unternehmensgruppe) abgebildet werden (Insourcing).

Nr.	Themengebiet	Risiken	Synergien
IT Compliance			
1	Allgemeine IT Compliance	Verstöße gegen die allgemeine Compliance (z. B. HGB, AO, Datenschutz) stellen regelmäßig Ordnungswidrigkeiten dar, die mit Geldbußen versehen werden. Bei steuerlich relevanten Verstößen (z. B. Verstoß gegen die Grundsätze ordnungsmäßiger Buchführung) können die steuerlichen Bemessungsgrundlagen geschätzt werden.	Synergien können sich ergeben, wenn bei dem Käufer bereits ein funktionierendes Compliance-Management-System implementiert ist, das auch die IT Compliance beinhaltet.
2	Spezielle IT Compliance	Auch Verstöße gegen die spezielle Compliance können Geldbußen auslösen. Bei Nichteinhaltung von Verträgen greifen regelmäßig Vertragsstrafen oder eine Minderung wegen Schlechtleistung.	Synergien können sich ergeben, wenn bei dem Käufer bereits ein funktionierendes Compliance-Management-System implementiert ist, das auch die IT Compliance beinhaltet.

Literaturverzeichnis

- Andreessen, Marc (2011): Why Software Is Eating The World", Wall Street Journal, 20. August 2011, https://www.wsj.com/articles/SB10001424053111903480904576512250915629460 (abgerufen am 25.06.2020)
- Gömöry, Christine (2015): Grundwissen zum Ablauf von M&A Transaktionen Zeitschrift für das Juristische Studium; http://www.zjs-online.com/dat/artikel/2015_2_891.pdf (abgerufen am 30.03.2020)
- IDW (2012): IDW Prüfungsstandard 330 „Abschlussprüfung bei Einsatz von Informationstechnologie", Stand: 24.09.2002
- IDW (2013): IDW Prüfungsstandard 951 n.F. „Die Prüfung des internen Kontrollsystems bei Dienstleistungsunternehmen", Stand 16.10.2013
- IDW (2017): WPH Edition „Assurance – Vertrauensleistungen außerhalb der Abschlussprüfung, IDW-Verlag, Auflage 2017
- Tritschler/Lamm (2018), Jahresabschlussprüfung bei Outsourcing und Cloud Computing, Buchreihe Praxistipps IT, IDW-Verlag
- Sisco, Mike (2012), IT Due Diligence, merger & acquisition discovery process, Mike Sisco's Practical IT Manager GOLD Services, 2nd edition
- Winkelhake, Uwe (2017): Die digitale Transformation der Automobilbranche, Treiber – Roadmap-Praxis, Springer Verlag

Stichwortverzeichnis